헤르미네와의
이별

헤르미네와의 이별

반려 햄스터를 통해 본 삶과 노화, 죽음 그리고 애도에 대하여

야스민 슈라이버 지음 | 이승희 옮김

나
아날로그

L을 위하여

$$y = 1/x$$
$$x^2 + y^2 = 9$$
$$y = |-2x|$$
$$y = -3|sin(y)|$$

들어가는 말: 우리는 왜 죽어야 할까

시작부터 나쁜 소식을 전하게 되어 유감이다. 우리는 모두 틀림없이 죽는다. 당신과 나, 숲에 있는 동물들, 라디에이터 위 창문턱에서 바삭하게 구워지는 사무실의 식물조차도 언젠가는 죽는다. 하지만 죽음은 원치 않는다고 피해갈 수 있는 주제가 아니다. "미안, 미안. 그건 어중이떠중이도 다 하는 거잖아. 하지만 난 개인주의자거든. 그런 건 나랑 안 맞아. 그래도 제안해 준 건 고마워." 이렇게 말하며 손사레를 쳐봤자, 죽음은 언젠가 우리를 찾아온다.

어떻게 빠져나갈 방법도 없이 죽음을 맞이해야만 한다는 사실은 대단히 불안한 일이다. 우리 영역으로 죽음이 들어오면, 다시 말해 우리가 누군가의 죽음을 경험할 때면 고통이 함께 찾아온다. 동시에 우리의 마음에 메우기 힘든, 때에 따라서는 결코 다시 메울 수 없는 구멍을 남긴다. 죽음은 분노와 무력감 같은 부정적인 감정을 불러오고, 우리는 세상으로부터 부당한 대우를 받는다고 느끼며 충격을 받는다. 그리고 그냥, 엄청나게 아프다. 그래서 우리는 누군가의 죽음을 맞이할 때면 이렇게 생각하곤 한다. "우리는 도대체 왜 죽어야만 할까? 왜 영원히 살지 못할까? 왜 이렇게 고통스러운 걸까? 도대체 왜?"

이 책에서 나는 이 '왜'라는 질문을 다루려고 한다. 생물학을 공부한 사람으로서 생명체의 삶과 죽음을, 그중에서도 특히 죽음의 근본적인 원인을 탐구하고 싶기 때문이다. 이 책에서 나는 왜 죽음은 아름답지 못한지, 그럼에도 죽음이 왜 필요한지를 알아보려 한다.

앞으로 우리는 도대체 생명이란 무엇인지, 그리고 시간의 흐름에 따라 늙어 가면서 우리에게 무슨 일이 일어나는지 보게 될 것이다. 우리를 구성하는 세포를 들여다보고, 이 작디작은 세포들이 어떻게 우리 몸을 만들었는지, 세포 역시도 늙어서 죽을 운명을 피해갈 수 없다는 사실을 알아 볼 것이다.

우리는 오랫동안 죽음을 극복하고자 노력해 왔으나, 아직은 그 꿈을 이루지 못했다. 솔직히 그 꿈이 정말 이루어질지도 나는 잘 모르겠다. 하지만 자연계에서 어떤 동물들은 우리가 가늠하기 어려울 정도로 오래 살거나 영원히 살기도 한다. 어쩌면 이들에게서 우리들이 내심 바라는 불로불사의 비밀을 밝혀낼 수 있을지도 모를 일이다. 그런 이유로 우리는 먼저 놀라운 방법으로 수명을 연장하는 작은 동물들의 비법을 파헤칠 것이다.

나

헤르미네

헤르미네와 나

그리고 경이로울 정도로 오랫동안 젊음을 유지하는 벼랑 끝의 소나무를 만나며, 영원히 죽지 않는 해파리와 함께 바다를 헤엄칠 것이다.

마지막으로 다시 우리의 필멸의 운명으로 돌아와, 시체의 부패 과정을 살펴보고 독수리가 우리의 장례의식에서 이따금 장의사로 일하기도 한다는 사실을 알게 될 것이다. 그리고 사랑하는 사람을 잃으면 모두가 지나야 하는 슬픔과 애도의 계곡을 함께 걸어 볼 것이다. 이 모든 과정을 생생하게 보여 주면서도 지나치게 이론적인 논의로 빠지는 사태를 막기 위해, 나는 작은 친구로부터 도움을 받으려 한다.

내 어깨 위에 있는 작은 햄스터는 헤르미네다. 헤르미네는 나와 함께 흥미진진한 2년 반을 보냈다. 헤르미네는 탈출의 여왕이었고, 분노의 햄스터였으며, 영리하고 귀엽지만 한편으로는 무지하게 교활했다. 2018년에 나는 심각한 병을 앓고 있던 헤르미네를 영원히 떠나보내야 했다. 그래서 헤르미네는 삶과 죽음을 설명하는 데 대단히 적합한 존재다. 죽음이 너무 무거운 주제라는 두려움에 이 책을 덮지 않기를 바라며, 부디 용감하게 헤르미네의 털북숭이 다리를 잡고 이 여행에 동참했으면 좋겠다.

시작하자!

차 례

제1장

살아 있다는 건 어떤 의미일까

제2장

나이가 든다는 건 어떤 느낌일까

제6장

슬픔을 인정하고 애도하는 법

제1장

살아 있다는 건 어떤 의미일까

살아 있는 것과
살아 있지 않은 것을 구분하기

　죽음을 다루려면 우리는 먼저 생명의 의미를 살펴보아야 한다. 이는 필수적이면서도 당연한 과정이다. 죽음이란 살아 있는 상태 다음에 오는 것이기 때문이다. 나의 헤르미네도 어느 날 죽음을 맞이하기 전에는 살아서 온갖 곳들을 활발히 탐험하고 다니는 진취적인 햄스터였다.

　"당신은 지금 살아 있다." 이 문장을 구성하는 글자는 당신의 동공을 통과하여 시신경을 거쳐 뇌 안으로 들어가고, 그곳에서 단어로 조합되어 짧은 인지 작업 후에 하나의 의미를 낳는다. 헤르미네는 비록 글은 읽을 줄 모르겠지만 당신과 마찬가지로 폐로 숨을 쉬고, 심장은 규칙적인 맥박으로 뛰며, 의식은 깨어 있었다. 물론 헤르미네는 이제 멀리 떠나 더는 존재하지 않는다. 하지만 당신은 지금 여기에, 살아서 이 책을 읽고 있다. '살아 있다'는 개념은 너무나 당연해서 우리는 보기만 해도 어떤 것이 살아 있고 살아 있지 않은지를 알 수 있다. 솔직히 이를 깊이 생각하는 것 자체가 우스운 일처럼 느껴진다. 하지만 조금 더 자세히 생각해 보자. 우리는 대체 어떤 기준으로 생명체와 생명체가 아닌 것을 구분할까?

생물학에서 말하는 생명의 정의

얼마나 많은 생명이 있느냐 하는 주제는 과학계에서 대단히 중대한 논쟁거리다. 분야와 관점에 따라 생명의 기준과 정의도 다양하다. 이스라엘의 과학자 노암 라하브 Noam Lahav 는 1999년에 생명을 정의하면서 마흔여덟 개의 명제를 사용했는데,[1] 이 48이라는 숫자에서 우리는 생명을 명쾌하게 정의하는 답은 존재하지 않음을 짐작할 수 있다. 이 책에서 나는 생물을 정의할 때 생물학적 관찰법을 사용하려 한다. 이 방법에 따르면 생물은 다음과 같은 특징을 지닌다.

1. 최소한 이론적으로는 스스로 번식할 수 있어야 한다. 헤

르미네처럼 유성생식을 하거나, 분열을 통해 번식하는 박테리아처럼 무성생식을 할 수 있어야 한다.

2. 생물은 물질대사를 한다. 물질대사를 통해 생물은 환경과 상호작용하며 자원을 교환한다. 예컨대 우리는 음식을 먹고 언젠가 화장실에 가야 한다.

3. 생물은 항상성恒常性, homeostasis 이라는 생리적 균형 상태에 도달하는 능력, 즉 자기조절 능력이 있다. 혈압 조절과 체온 유지, 그리고 우리 신체의 순환을 유지하는 데 필요한 모든 기능이 항상성의 영역에 속한다.

4. 생물은 눈동자의 색이나 주근깨 같은 특성을 후손에게 전달할 수 있다.

5. 생물은 자극에 쉽게 반응할 수 있다. '쉽게 반응한다'는 말은 다혈질 같은 성격을 뜻하는 게 아니라, 외부에서 오는 자극에 반응할 줄 알아야 한다는 뜻이다.

6. 생물은 성장하고 발달할 수 있다.

7. 그리고 이 책의 주제와 긴밀한 관계가 있는 한 가지 특징이 매우 중요하다. 생물은 죽는다. 즉 지상에서 보내는 우리의 시간은 제한되어 있다.

한 가지 중요한 점을 지적해야겠다. 이 일곱 가지 특징이 살아 있는 내내 충족되어야 하는 건 아니라는 점 말이다. 나이가 들어 생식능력이 사라지거나 병 때문에 번식하지 못했다고 해서 갑자기 무생물이 되는 건 아니다.

주위를 한번 둘러보자. 우리 모두가 생물과 무생물을 구별하는 본능적인 직감을 지니고 있다. 앞에서처럼 일일이 정의를 들어서 구분할 필요도 없다. 돌은 생물이 아니며, 나무는 생물이다. 이보다 더 명쾌할 수는 없다. 그럼 박테리아나 미생물은 어떨까? 동영상이나 현미경을 통해 이리저리 재빠르게 움직이는 짚신벌레를 본 적이 있다면 이 또한 틀림없이 살아 있다는 느낌을 받았을 것이다. 그렇다면 바이러스는 어떨까? 바이러스도 생물일까? 흠… 여기서 생물의 정의는 더욱 복잡해진다.

박테리아나 바이러스도 살아 있다고 할 수 있을까

대다수 사람은 직관에 따라 바이러스를 생명으로 분류한다. 바이러스가 박테리아나 균 또는 곰팡이^{菌, Fungus}와 같다고 보는 것이다. 그러나 과학자들은 바이러스를 생물로 분류하지 않는다. 왜 그럴까?

실제 바이러스는 단백질 껍질에 둘러싸인 DNA 혹은 RNA 조각, 다시 말해 유전물질에 불과하다. 일반적으로 생물의 세포에는 안과 바깥을 연결하는 통로인 수용체라는 것이 존재한다. 바이러스는 자신이 뒤집어쓰고 있는 단백질 껍질을 마치 열쇠처럼 이용하여 세포 수용체와 결합해 세포 안으로 진입한 뒤, 세포의 통제권을 넘겨받아 세포의 구조를 이용해 증식한다. 살아 있는 생명체의 세포를 이용하지 않고서는 스스로 독립적으로 증식할 수 있는 구조와 능력이 없는 것이다. 따라서 바이러스는 생물에서 제외된다.

바이러스의 사례를 보면 알 수 있겠지만, 얼핏 보면 대단히 직관적으로 보이는 '생물'과 '무생물'을 분류하는 일이 때로는 엄청나게 어려운 문제가 된다. 박테리아와 바이러스를 좀 더 살펴보면서 실제로 무슨 일이 일어나는지 자세히 알아보자.

박테리아의 분열 과정을 정리한 다음의 그림을 살펴보자. 박테리아는 세균이라고도 하는데, 분열할 때 누구의 도움도 필요 없으며 스스로 모든 과정을 헤쳐 나간다. 이처럼 박테리아는 자체적으로 번식하고 생물 정의의 다른 모든 항목도 충족하므로 확실히 생물에 속한다.

여기까지는 어렵지 않다. 그러면 이제 바이러스를 살펴보자. 박테리아를 숙주로 삼아 번식하는 바이러스를 흔히 '박테리오파지'라고 한다. 짧게 줄여 '파지'라고도 부르는 이 바이러스의 증식 방법을 살펴보자. 박테리오파지의 증식 전략으로는 크게 두 가지가 있는데, 이를 나누는 기준은 숙주로 삼은 박테리아를 죽이느냐 혹은 내버려 두느냐에 달려 있다.

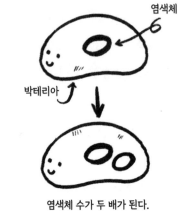

염색체

박테리아

염색체 수가 두 배가 된다.

박테리아 세포가 분열한다.

야호!

유전자가 동일한 박테리아 세포 두 개가 생겼다.

박테리아의 분열 과정

'용원성 생활사lysogenic cycle'는 바이러스가 숙주로 삼은 박테리아를 죽이지 않는 번식 방법으로, 다음과 같이 진행된다. 파지는 속이 비어 있는 꼬리기둥으로 박테리아 껍질에 구멍을 낸 뒤, 이 꼬리기둥을 통해 자신의 유전물질을 박테리아에 주입한다. 파지의 유전물질은 이미 존재하는 박테리아 유전물질 안에 삽입되고, 이후 박테리아가 분열하면서 바이러스의 유전물질도 함께 복제되어 증식한다.

이 과정만 보면 파지의 유전물질 자체가 박테리아 세포에

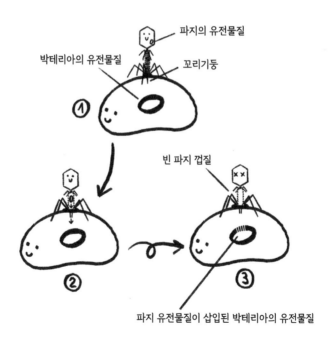

박테리오파지의 비교적 얌전한 번식 방법, 용원성 생활사

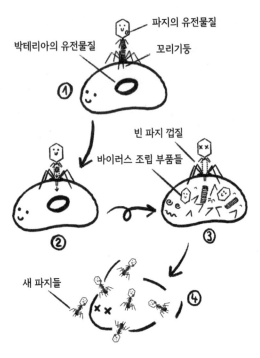

박테리아의 유전물질

파지의 유전물질

꼬리기둥

빈 파지 껍질

바이러스 조립 부품들

새 파지들

박테리아를 죽이는 박테리오파지의 번식 방법, 용균성 생활사

해를 끼치지 않는 한 아무 문제가 없다.

　　그러나 '용균성 생활사lytic cycle'는 이와 다르다. 여기서도 파지가 박테리아에 결합하고, 자신의 유전물질을 박테리아 세포 안에 주입한 뒤, 바이러스의 유전물질이 박테리아의 유전물질에 삽입하는 것까지는 같다. 하지만 그다음 단계에서 바이러스는 곧바로 박테리아 세포의 통제권을 넘겨받는다. 결과적으로 박테리아는 자신이 전념해야 할 세포 고유의 업무를 수행하지 못하고 바이러스 부품을 생산하는 공장으로 전락한다. 세포 안이 바이러스로 가득 차면 세포는 터지고, 새로운 파지들이 튀어나와 새로운 박테리아를 감염시킬 준비를 하게 된다. 이 과정에서 박테리아는 죽는다.

이런 바이러스가 과연 생물일까? 아니라고 보는 게 맞겠다. 이처럼 처음에는 명쾌해 보이더라도 자세히 살펴보면 그리 명쾌하지 않은 것들이 많다. 이 모호함은 개별 생명의 시작과 끝을 다루는 질문에도 적용된다. 언제 생명이 시작되고 어디에서 끝나는지에 대한 문제만큼 뜨거운 논쟁의 대상이 되는 과학적 질문은 많지 않다. 이 주제를 바라보는 입장은 엄청나게 다양하며, 한편으로는 서로 첨예하게 대립하고 있다. 하나의 주제에 대해 이렇게나 다양하고 차이가 나는 경우를 찾기도 힘들다.

생명은 언제 시작되고,
어디서 끝날까

가톨릭교회에서는 인간의 생명이 난자와 정자의 결합 직후에 시작한다고 본다. 유대교 전통에 따르면 수정 후 40일이 지난 후, 즉 41일째 되는 날에 배아가 '영혼'을 얻는다고 한다. 반면 이슬람에는 생명의 시작을 바라보는 관점이 다양하다. 40일보다 더 일찍 영혼이 들어온다고 보는 관점도 있고, 유대교처럼 수정 후 40일이 지난 후에 들어온다고 주장하는 사람도 있다. 물론 이런 기준을 나의 햄스터 숙녀 헤르미네에게도 적용할 수는 없을 것이다. 헤르미네가 속한 난쟁이햄스터종의 임신 기간은 기껏해야 3주 정도밖에 되지 않기 때문이다. 열 달을 엄마 뱃속에서 보내는 우리 인간과는 아주 다르다. 그러니 다소 편협하게 여겨질지라도 여기서는 우리 인간에 대해서만 생각해 보도록 하겠다.

종교적인 영역뿐만 아니라 자연과학 분야에서도 생명의 시작을 규정하는 정의는 다양하다. 어떤 분야에서는 수정된 순간을 생명의 시작으로 보기도 하고, 어떤 분야에서는 신경계의 발달을 생명의 시작으로 보기도 한다.

종합하자면 생명에 관한 질문은 의학 분야에만 국한된 문제가 아니며, 사회와 윤리의 영역에도 걸쳐 있다. 이에 대한 토론과 논쟁에는 자연과학뿐만 아니라 종교학, 사회과학, 철학도 참여한다. 예를 들어 낙태를 언제부터 허용할 수 있는지, 또는 배아 줄기세포를 어떤 환경에서 어떻게 연구해야 하는지와 같은 문제가 바로 '생명은 언제 시작하는가?'라는 질문의 대답에 달려 있다.

되돌릴 수 있는 죽음과 되돌릴 수 없는 죽음

생명의 시작만 논쟁의 대상이 되는 건 아니다. 생명의 끝, 다시 말해 죽음의 시점을 묻는 질문에도 명료하고 쉬운 대답은 없다. 심장이 더는 뛰지 않고 호흡이 멈추어 앞에서 언급한 생명의 특징 일곱 가지 항목을 더는 수행할 수 없을 때, 우리는 생물학적으로 그 사람이 죽었다고 판단한다. 심장이 뛰지 않으면 생식이나 영양 섭취 같은 일을 할 수 없기 때문이다.

그러나 종종 이 상황은 '가역적'이다. 소생술을 통해 되돌릴 수 있는 경우도 있기 때문이다. 그러므로 죽음을 법적으로 정의해야 하는 입법 기관의 입장에서는 생물학적 죽음만으로 사망을 선고하기에는 상당한 위험이 뒤따른다고 생각할 수밖에 없다. 만약 호흡을 멈춘 사람을 소생시킨다면? 또는 이 사람에게 심장-폐 기계를 연결하고, 이 기계를 통해 호흡과 혈액순환을 인공적으로 유지한다면? 이 사람은 이런 기계의 도움으로 영원히 계속 살아야 할까? 아니면 사망 판정을 내릴 수 있는 다른 기준이 있어서 기계를 제거하는 게 더 나을까?

당연히 우리의 입법기관도 이 질문을 던졌다. 항상 그런 것은 아니지만 때로는 되돌릴 수 있는 생물학적 사망 시점과 법이 규정하는 법률적 사망 시점 사이에 차이가 있기 때문이다. 지금 독일에서 적용되는 죽음의 법률적 정의는 뇌사를 전제로 한다. 즉 환자에게서 충분히 독립된 뇌의 활동이 감지되지 않고 이 상황을 더는 되돌릴 수 없는 상태가 되어야 한다. 뇌사를 기준으로 사망 여부를 판단하는 일은 뇌파 측정을 통해 뇌사를 객관적으로 판명할 수 있게 된 이후에야 가능해졌다. 이 새로운 개념은 1960년대 말에 도입되어 사망의 기준으로 자리 잡았다.[2] 이후 뇌사의 정의는 계속해서 다듬어졌지만, 그 본질은 지난 수십 년

간 변하지 않았다.

하지만 우리가 뇌의 활동을 측정할 기술이 없던 때에는 이와 다른 기준이 필요했다. 과거에는 숨을 쉬는지, 심장이 뛰는지를 기준으로 죽음을 판명했다. 하지만 유감스럽게도 이 과정에서 자주 실수가 발생했다. 단지 숨을 약하게 쉬고 있는지 아니면 전혀 호흡이 없는지 판명하기란 쉽지 않기 때문이다. 심지어 근대까지도 사람의 죽음을 판명하는 데 이런 허술한 방법이 널리 사용되었다. 입김이 서리는지 보려고 거울을 입 앞에 대보거나, 심장 박동이 아주 약하거나 가슴의 상하 움직임이 거의 눈에 띄지 않을 때 가슴 위에 물그릇을 올려놓고 물의 움직임을 관찰하는 식이었다. 맥박을 재서 여전히 심장이 뛰는지 확인하려고도 했다.

이처럼 다양한 방법을 이용하여 심폐 기능의 움직임을 확인하려고 했지만, 결과가 언제나 정확하지는 않았다. 특히 흑사병과 같은 역병이 유행하여 사망 사례가 급증할 때면 오류는 더욱 많아졌다. '사랑스러운 아우구스틴' 이야기가 당시 상황을 전해 주는데, 사람들이 술에 취한 아우구스틴을 죽었다고 착각하고 흑사병 희생자들과 함께 묻어 버렸다는 이야기다. 다음 날 술에서 깬 아우구스틴이 노래로 사람들을 불러모아 그 자리에서 빠져나왔다는 결말은 유쾌하지만, 죽지 않은 사람을 죽었다고 착각하고 산 채로 생매장했다는 부분은 다소 섬뜩하다. 역병이 번지는 극한 상황에서 의사는 많은 사람을 신속하게 검사해야 했고, 이를 꼼꼼하게 확인할 수 없었으므로 산 채루 묻히 사람들의 이야기가 생겨났던 것이다.

이런 일화들이 전해지면서 산 채로 묻힐지도 모른다는 두려움이 커져, 자신이 죽으면 영안실에 특별히 오랫동안 보관해 달라는 요청을 유언장에 추가하는 사람도 있었다. 시신을 관에 눕히기 전에 시신의 동맥을 자르거나 심장을 단도로 찌르기도 했다. 러시아의 대문호 표도르 도스토옙스키는 매우 깊은 잠에 빠지곤 했는데, 침대 옆에 늘 다음과 같은 메모를 써두었다. "내가 만약 가사假死 상태에 빠지더라도, 며칠 동안은 (…) 나를 묻지 마라!"[3] 〈검은 고양이〉 같은 고딕호러 소설로 유명한 에드거 앨런 포도 이 주제에 '약한 긴장감'을 드러냈는데, 이는 그의 여러 작품을 통해 유추할 수 있다. 예를 들어 그의 단편 소설 〈어셔가의 몰락〉에서는 오빠 로더릭 어셔가 여동생을 산 채로 매장하는 내용이 나온다.

이런 시대가 이미 한참 전에 지나, 이제는 그럴 위험이 사라진 현대에 살고 있다는 사실이 나는 정말 기쁘다. 그리고 이런 변화는 여기에서 끝나지 않을 것이다. 왜냐하면 사망 시점, 혼수상태, 수면과 같은 다양한 주제가 우리에게 죽음에 대한 수수께끼를 내고 있고, 지금도 끊임없이 연구되고 있기 때문이다. 이런 현상을 우리가 가진 모든 지식을 긁어 모아 어떻게든 정의하고는 있지만, 이 정의들은 단지 지금까지만 유효하다. 우리는 죽음이라는 현상을 아직 완전히 이해하지 못했기 때문이다.

죽음의 기준은 바뀐다

과학의 원칙은 대부분 논박할 여지없이 분명하다. 누구도 2 + 2 = 4 라는 결과를 의심하지는 않을 것이다. 또한 지구에 사는 사람이라면 누구도 중력의 존재에 의문을 제기하지는 않을 것이다. 말하자면 이런 원칙들은 확정된 법칙이다. 이항정리, 구에 가까운 지구의 모양 등도 마찬가지다. 그러나 모든 과학적 발견이 이런 확고함을 오랫동안 유지할 수 있는 것은 아니다. 인식은 끊임없이 새로워지고, 정의도 가치와 기준에 따라 변한다. 많은 이들이 과학은 분명하고 명백하다고 여기지만, 과학에 그런 명백함은 존재하지 않는다.

과학은 움직인다. 절대 멈추지 않고 영원히 째깍거리는 시계 장치와 같다. 새로운 인식이 창조되고, 지금껏 확실하다고 믿었던 내용이 갑자기 근본적인 의문에 봉착하게 되며, 새로운 측정법이 기존의 이론을 뒤집어 엎는다. 그리고 우리는 이 모든 것을 끊임없이 배운다. 어떤 이들은 이런 역동성을 보고 불안과 위협을 느끼고, 굳건한 자세로 "그대로, 그렇게 머물러 있어라!"

라고 당당하게 소리치는 과학을 희망한다. 그러나 그런 과학은 존재하지 않는다. 아, 얼마나 다행인지! 그런 과학이 세상을 지배한다면, 우리는 지금도 '어쩐지 죽은 것처럼 보이는' 사람들을 땅에 묻고 있었을 것이다. 또한 이 책에서 다루게 될 모든 흥미진진한 현상도 전혀 발견하지 못했을 것이다.

생명체를 이루는 가장 작은 단위

　나의 중가리아 난쟁이햄스터 헤르미네의 삶도 인간처럼 여러 시기로 구분된다. 어느 날 헤르미네의 엄마와 아빠가 서로 사랑을 나누었고, 그 과정에서 난자와 정자가 만나 수정이 이루어졌다. 수정란에서 나온 배아 상태의 헤르미네는 엄마 뱃속에서 계속 발달하여 약 20일 후에 세상에 나올 수 있었다. 하지만 태어난 후에도 헤르미네는 아직 제대로 된 햄스터가 아니었다. 눈도 뜨지 못했고 머리는 몸에 비해 거대했다. 갓 태어난 헤르미네는 눈먼 털북숭이 게처럼 버둥거리면서 주변을 기어 다녔고, 혼자 헤르미네를 돌보던 엄마 햄스터(아빠는 보통 새끼가 태어나기도 전에 둥지에서 쫓겨난다)는 어린 헤르미네를 계속 둥지 안에 잡아 두면서 헤르미네가 충분히 자라 홀로 자립할 수 있을 때까지 살아 있으려고 모닉했니.

청소년기를 거친 헤르미네는 곧 생에서 가장 활기 넘치는 시기에 도달했다. 젊은 햄스터 헤르미네는 거칠 것 없는 삶을 살았고, 2년이 지나자 등이 휘고 한쪽 눈이 먼, 노쇠한 부인이 되었다. 그리고 언제부터인가, 어쩌면 나도 미처 알지 못하는 사이 죽음으로 가는 과정에 접어들었다. 결국 헤르미네는 수의사의 도움을 받아 죽음의 강을 건넜고, 내게는 자신의 유해를 남겼다.

중가리아 난쟁이햄스터 헤르미네의 일생

제1장 살아 있다는 건 어떤 의미일까

헤르미네와의 이별은 내게 정말로 슬픈 일이었다. 그러나 벌써부터 헤르미네의 죽음을 생각하며 낙심하기에는 조금 이르다. 나는 지금 바로 죽음을 다루지는 않을 것이다. 그 전에 먼저 헤르미네의 초기 삶으로 돌아가, 생기 넘치던 시절의 헤르미네를 돌이켜 보려 한다. 가능성이 넘치던 시기, 양 볼 한가득 해바라기씨를 욱여넣고 까먹으면서 케이지를 비밀스럽게 탈출하던 시기, 여전히 자라나고 있던 그때를 먼저 살펴볼 것이다.

이 책에서 나는 난자와 정자에서 출발하여 성체 햄스터가 되기까지 헤르미네 신체에서 진행되는 모든 과정을 '발달'이라고 부르려 한다. 그럼 이제 현미경을 들고 햄스터의 입을 통해 몸 안을 더 자세히 들여다보자.

헤르미네를 이루는 기본 구성 요소

먼저 이 인상적인 포식동물(헤르미네는 거미를 사냥해서 먹어 치우곤 했다. 그러니 제발 포식동물로 인정해 주자)을 구성하는 가장 작은 기능적 구성 요소를 살펴보자. 덧붙이자면 우리 인간의 몸도 이 구성 요소로 이루어져 있다. 바로 '동물세포'다. 물론 식물을 구성하는 '식물세포'도 있지만, 이 책을 읽는 대부분의 독자는 사람 아니면 햄스터(바라건대 글씨를 읽을 수 있다면 좋겠다)

이고 식물은 거의 없을 것이므로, 이 책에서 식물세포를 다루진 않을 것이다.

여기서는 동물세포를 매우 간단하게 묘사할 것이다. 그러나 이 간략한 묘사만으로도 동물세포의 기본을 이해하기에는 충분하다. 이제 짧은 세포 여행을 떠나 보자. 이 여행이 생물 수업에서 겪었던 어두운 기억을 떠올리게 한다면 용서를 구한다(나는 생물학을 전공했지만, 내게도 생물 수업이 늘 근사했던 건 아니다. 나는 그 고통에 충분히 공감한다).

동물세포는 유연한 세포막으로 둘러싸여 있고, 세포막은 외부로부터 세포의 내부를 보호해 준다. 우리 몸 안에 심장이나 폐, 위 같은 신체 기관이 있듯이, 세포 내부 역시 '구획compartment'으로 나뉘어 있다. 우리 몸을 생각해 보자. 우리 몸 안에 있는 신체 기관은 제멋대로 몸속을 떠다니는 게 아니라 몸의 다른 부분들과 명확하게 구분되어 정해진 자리를 차지하고 있다. 그래서 다행스럽게도 심장은 바지로 흘러내리지 않는다. 세포의 내부도 서로 구분되는 구획들로 구성되어 있으며, 각각의 기능이 있는 이 구획들을 세포기관Organelle, 혹은 세포소기관이라고 부른다. 당연히 각 세포소기관은 다른 기관과 완전히 구별되는 특정 과제를 수행한다.

세포핵은 대단히 중요한데, 세포 내 대부분의 유전물질이 세포핵에 들어 있기 때문이다. 말하자면 정보은행과 중앙 통제

햄스터 귀
(물론, 보통 세포를 그릴 때 귀를 그리지는 않는다)

소포체 ── ┌ 매끈면 소포체
          └ 거친면 소포체

리보솜

퍼옥시좀

미토콘드리아

미세소관

중심소체

핵소체

핵막

염색질

골지소포(합쳐서 골지체)

세포막

리소좀

세포핵

헤르미네를 구성하는 세포의 구조

센터가 섞여 있는 셈이다. 중요성을 따지자면 우리 몸의 두뇌와 비교할 만하다. 세포핵 안에는 염색체가 염색질의 형태로 존재한다. 인간 세포에는 스물세 쌍, 즉 마흔여섯 개의 염색체가 있으며, 헤르미네의 세포에는 스물여덟 개의 염색체가 있다. 염색체에는 헤르미네의 DNA가 들어 있고, 당연히 유전자도 함께 들어 있다. 이 말은 염색체 안에 털 색깔(흰색)부터 이빨의 모양, 단백질 구성에 이르기까지, 헤르미네에 관한 모든 정보가 저장되어 있음을 의미한다. 참고로 햄스터를 키워 봤다면 알고 있겠지만 햄스터의 이빨은 햄스터의 발톱을 자르려는 사람의 손가락을 깨물기에 딱 좋은 모양이다.

이렇게나 중요한 세포핵은 어떤 구조물에 의해 둘러싸여 있다. 그 구조물의 이름은 학창시절부터 학교를 졸업한 지 이미 오래인 지금까지도 꿈속에서 나를 쫓아온다. 누군가 밤에 나를 깨워 "생물 수업!"이라고 내 얼굴에 소리치면, 나는 비몽사몽한 와중에도 즉시 큰 소리로 대꾸할 것이다. "소포체!" 생물 수업 시간을 고통스럽게 보냈던 사람이라면 누구나 똑같이 반응하리라고 확신한다.

소포체는 거친면 소포체와 매끈면 소포체가 있는데, 세포에 필요한 주요 구성 요소를 생산하고, 동시에 물질을 운반하는 통로 역할도 한다. 세포의 구조를 좀 더 자세히 살펴보면 거친면 소포체 표면에 작은 점들이 붙어 있는 모습을 발견할 수 있다. 이 점들은 '리보솜'이라고 하는데, 이 작은 알갱이들 덕분에 거친면 소포체는 단백질을 합성할 수 있다. 리보솜이 합성해 내는 단백질은 세포 안에서 중요한 역할을 한다. DNA의 정보를 읽고 그 지침에 따라 세포의 다른 구성 요소를 만드는 것도 단백질의 일이다. 리보솜 알갱이가 달려 있지 않은 매끈면 소포체는 지방산을 만들고 칼슘을 저장한다. 보통 이 매끈면 소포체는 특정한 단백질과 지질脂質, lipid, 스테로이드(호르몬)를 생산하고 물질을 저장하는 일을 책임진다. 세포 안에는 다락창고가 없기 때문이다. 물질의 생산과 저장뿐만 아니라 세포가 화학물질이나 면역 작용, 혹은 외부의 다른 독에 노출되어 이를 해독할 때도 이 운송시설은 매우 중요하다.

계속해서 세포 내부의 다른 기관을 살펴보자. 그림을 보면 '골지체'라고 불리는 부분을 볼 수 있다. 골지체는 소포체와 함께 일하면서 세포대사를 돕는 기관이다. 소포체는 리보솜에서 만든 단백질을 골지체로 보낸다. 골지체는 전송받은 단백질을 살펴본 후 말한다. "오케이, 이미 아주 좋아. 하지만 더 좋아질 거야." 그다음 골지체는 단백질이 제대로 작동할 수 있도록 전송받은 단백질의 이곳저곳을 추가로 개조한다.

우리 몸 안에도 청결과 질서를 담당하는 영역이 있듯이, 세포 안에도 이를 책임지는 영역이 당연히 존재한다. 청소를 담당하는 대표적인 세포소기관은 퍼옥시좀이라는 곳이다. 퍼옥시좀은 독성을 띠는 과산화수소를 산소와 물로 바꾸어 주고 전체 반응과 진행 과정에서 발생하는 세포 내 노폐물 처리에도 관여한다.

리소좀도 청소에 관여하는 기관으로 일종의 쓰레기 수거를 담당하는데, 구석구석에 오물과 쓰레기가 쌓이지 않도록 세포내 물질과 세포 바깥 물질을 소화하는 청소 부대의 일원이다. 그밖에도 리소좀은 어떤 세포도 신체를 위험하게 만들지 않도록 관리한다. 세포대사에 문제가 생기거나 어떤 세포가 통제를 벗어나 분열하기 시작하면 리소좀은 세포자살Apoptosis, 즉 잘 통제된 세포사멸을 활성화한다. 이에 대해서는 뒤에서 상세히 알아볼 것이다.

계속해서 세포 안을 들여다보자. 생물 수업 때 나오는 유명한 문구가 있다. 생물학과 관계없는 사람이라도 세포에 대해 배웠다면 자다가도 벌떡 일어나 즉시 대답할 수 있을 정도로 유명한 문구로, "미토콘드리아는 세포의 발전소다"라는 말이다. 앞에 나온 세포 그림에서 길쭉한 핫도그처럼 생긴 기관이 바로 그 유명한 미토콘드리아다. 미토콘드리아는 세포대사와 반응을 유지하는 데 필요한 에너지를 만든다.

이제 세포 그림 속 스낵처럼 보이는 곳으로 가보자. 미토콘드리아 오른쪽에 있는 길쭉한 선들은 감자튀김이 아니라 미세소관이다. 미세소관은 세포골격에 속하며, 중심소체와 마찬가지로 세포가 분열할 때도 중요한 역할을 담당한다.

이렇게 세포 속을 우선 대강 훑어보았다. 작은 세포 안에 이렇게나 많은 구성 요소가 있다는 사실이 놀랍고 아름답지 않은가? 만약 어떤 세포가 특정한 과제를 수행하게 되면, 이 세포는 세포의 내부나 밖에 추가적인 세포소기관을 갖게 된다. 예를 들어 생식세포인 정자는 '편모'가 있다. 이 작은 꼬리를 이용해 정자는 앞으로 나간다. 다른 세포는 분비물을 배출하거나 무언가를 결합하고 전송할 수 있는 구조를 가지고 있다. 그밖에도 세포의 기능에 따라 필요한 구조와 세포소기관은 다양하다.

온전한 햄스터 한 마리를 구성하기 위해서는 하나보다는

더 많은 세포가 필요하고 정해진 기능을 수행할 수 있도록 완전히 특화된 세포들이 필요하다. 이 조건에 대해 더 자세히 알아보자.

하나의 세포에서 헤르미네가 되기까지

헤르미네가 무사히 태어나 어엿한 '어른' 햄스터가 되려면, 생물학적으로 빈번하게 반복되는 여러 과정을 거쳐야 한다. 그중에 가장 중요한 과정은 바로 세포분열과 그 결과로 일어나는 신체 세포 수의 증가다. 세포 수가 늘어나는 것을 전문용어로는 '세포증식'이라고 부른다. 그러나 단순히 세포가 많아진다고 햄스터가 되는 것은 아니다. 세포가 아무런 목적 없이 그저 늘어나기만 한다면 헤르미네가 아니라 형태를 갖추지 못한 세포더미가 될 뿐이다.

여기서 두 번째로 중요한 과정이 바로 '세포분화'다. 가령 우리 신장에 있는 세포와 혈액세포는 같은 세포일지라도 하는 일이 완전히 다르다. 이는 비단 헤르미네뿐만 아니라 우리 역시도 마찬가지

죽여줘…
제발…

다. 몸에 있는 모든 세포는 각자 특화된 임무가 있다. 나는 생물학자이자 작가로 글을 쓰는 것이 내 일이고, 나의 반려견인 클로에는 내게 들키지 않고 쓰레기통을 비밀스럽게 청소하는 일을 자신의 임무라고 생각하듯이, 우리 모두는 각자의 역할과 과제를 지니고 있다. 이는 세포도 마찬가지다.

먼저 생명이 막 시작되던 순간, 헤르미네가 아직 하나의 세포에 불과했을 때 어땠을지를 생각해 보자. 헤르미네의 엄마는 4~5일에 한 번씩 임신이 가능하다. 그러니까 이론적으로 햄스터는 대량 생식이 가능하다(그리고 실제로 그렇게 한다). 헤르미네의 엄마와 아빠가 1.4초라는 긴 시간 동안 잊을 수 없는 사랑을 나누고 나면 헤르미네는 '수정란'이라 불리는 정자와 난자의 융합체로 엄마의 자궁 안에 자리 잡는다. 완전한, 6센티미터 크기의 매우 고집 센 난쟁이햄스터가 되는 데는 이 세포 하나로 충분했다. 이 세포는 '전능'하기 때문이다. 전능이란 이 세포 하나가 문자 그대로 무엇이든 될 수 있음을 뜻한다! 우리가 아이들에게 곧잘 하는 격려처럼 말이다. 사실 '무엇이든 될 수 있는' 건 세포에게나 해당되는 이야기지만, 우리는 아이들의 미래를 독려하기 위해서도 이 말을 종종 사용하곤 한다. '전능'이란 그만큼 굉장하다는 의미다.

수정란 상태의 헤르미네는 세 번 분열하는 동안 이 전능성을 유지한다. 세포 하나가 두 개로 분열하고, 두 개가 네 개로,

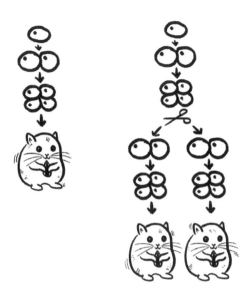

수정란 분열 중 세포더미를 나누면 일어나는 일

네 개가 여덟 개로 늘어난다. 이때 이 작은 세포더미를 둘로 분리했다면, 즉 세포 네 개를 둘로 나누었다면 여기서 완전한 햄스터 두 마리가 아무 문제없이 발달할 수 있었을 것이다. 이 단계에서 세포들은 여전히 전능하기 때문이다. 아마도 세포들은 이렇게 감지했을 것이다. "다시 둘이 되었네. 그러니 언젠가 여덟이 될 때까지 다시 각자 분열해야 해."

이 작은 세포더미는 계속 분열하면서 새로운 유기체로 발달할 가능성을 잃는다. 이제 세포들은 더 이상 전능하지 않고 '만능성'만 갖게 되지만, 여전히 많은 일을 할 수 있다. 이 단계에서는 하나의 세포에서 새로운 햄스터가 생겨날 수는 없지만, 대신 어떤 기관으로든 자라날 수 있다. 만능성 세포는 신장세포로 성장할 수도 있고, 심장세포로 성숙할 수도 있으며, 혈관을 만들거나 시신경을 만들 수도 있다. 즉 생명체 안에 있는 어떤 조직으로든 발달할 수 있다.

이 만능세포가 하나의 길을 선택하면 만능성을 잃어버리면서 더욱 전문화된다. 이제 이 세포는 특별한 기관을 만드는 '다능성' 세포가 된다. 이 다능성 세포를 성체 '줄기세포'라고 부르기도 하는데, 아마 이 개념을 신문에서 읽은 적이 있을 것이다. 이 다능성 세포들은 이미 특정 신체 기관이 되기로 선택했고, 이 영역에 상대적으로 고정된다. 비록 한 신체 기관, 예컨대 신장 안에도 다양한 세포 유형이 존재하지만 말이다.

다능성 세포가 '상대적으로' 고정된다고 말한 이유는 최근에 나온 새로운 연구 결과 때문이다. 이 연구에 따르면, 적절한 환경에서 이식만 제대로 이루어진다면 성인의 혈관줄기세포에서 뼈줄기세포를 만들 수 있다고 한다. 이런 연구 결과를 보면 앞서 말했던 것처럼 과학에서도 모든 것이 언제나 흑과 백으로 분명하게 나뉘지 않음을 다시 한번 확인하게 된다.

특정 신체 기관으로 발달하기로 결정되면 다능성 세포는 '전구세포'로 발달하는데, 전구세포는 특정 신체 기관에 완전히 특화된 세포의 초기 단계다. 전구세포 다음 단계에 이르러서야 세포는 마침내 자신의 특성을 확정 짓고 계속 유지하게 된다.

이 성숙 단계에 이른 세포들은 정해진 신체 기관에서 즉시 자신의 일을 시작하고, 더는 스스로 분열하지 못한다. 질풍노도의 시기가 지나 이제 세포 사회의 성숙하고 책임 있는 구성원이 되었기 때문이다. 예를 들어 언젠가 헤르미네의 작은 무릎이 실수로 찢어졌을 때, 성숙한 피부 세포들은 분열하지 않았다. 성숙한 세포들은 미래 계획을 이미 완벽히 세워 둔 상태이므로, 이제 더는 새로운 세포 가족을 만들 예정이 없다. 헤르미네의 다친 무릎이 아물 수 있었던 건 성숙한 피부 세포가 새롭게 분열했기 때문이 아니라 여전히 존재하고 있던 다른 전구세포들이 분열했기 때문이다.

지금까지 서술한 이 모든 과정은 성장 시기에만 일어나는 일이 아니다. 세포분열, 세포분화와 성장은 생명체와 평생을 함께한다. 이 사실은 매우 중요하다. 이 과정 덕분에 우리는 어딘가를 다치더라도 다시 회복할 수 있다. 미용사가 머리를 엉망으로 망쳐 놓더라도 평생 그 상태로 돌아다녀야 한다는 암울한 상상을 할 필요가 없다. 머리카락은 다시 자라기 때문이다.

여기서 잠시 이 주제와 관련된 신화 하나를 짚고 넘어가자. 인간의 몸은 7년마다 완전히 새로워진다는 이야기를 한 번쯤 들어본 적이 있을 것이다. 나쁜 소식부터 말하자면 이 이야기는 진실이 아니다. 좋은 소식을 덧붙이자면, 진실에 가깝기는 하다.

만약 우리 몸이 7년마다 아 미씩 원전히 세로워진다면 치과의사는 할 일이 별로 없을 것이고, 우리는 영원히 젊음을 유지할 것이다. 그러나 치약회사들이 온갖 광고를 통해 어떤 장밋빛 미래를 약속하든 치통은 저절로 회복되지 않는다. 그런데 간은 2년마다 한 번씩 새것처럼 바뀌고, 우리 뼈는 약 10년에 한 번씩 갱신되며, 우리 갈비근은 약 15년마다 한 번씩 완전히 새로워진다. 소장은 완전히 교체되는 데 16년이 필요하다. 물론 이 주기는 손상되지 않은 기관의 경우에만 그렇다. 가령 간경변이 있는 알코올중독자라면 이 모든 재생 주기가 달라진다. 건강한 사람의 피부 재생 속도는 남달리 빨라서 2주에 한 번씩 피부가 새로워진다. 흥미로운 사실! 매일 우리는 죽은 피부세포 약 14그램을 집과 사무실에 떨어뜨린다. 아이 맛있어(환호하는 진드기가 보낸 메시지다)!

이런 사실을 처음 듣는다면 인간은 죽지 않아도 된다는 말처럼 들릴 것이다. 모든 기관이 각자의 주기에 따라 새로워진다는 말은 계속해서 건강하고 새로운 신체를 유지할 수 있다는 뜻으로 들리기 때문이다. 하지만 우리 모두가 알고 있듯이, 그런 일은 일어나지 않는다.

세포도 자살을 한다

만약 우리 몸 안에 있는 세포가 계속 성장하기만 한다면 우리는 언젠가 엄청난 과성장 상태가 될 것이다. 그리고 임무를 다한 세포가 죽지 않는다면 우리는 삐걱거리는 낡은 세포들을 곳곳에 붙인 채 질질 끌며 돌아다녀야 할 것이다. 듣기만 해도 끔찍한 일이다. 그러므로 세포는 영원히 살아서는 안 된다. 생명체를 이루고 있는 세포가 계획에 따라 균형 있게 생성되고 잘 성장하며 적절한 때 사멸할 수 있도록 자연은 매우 영리한 방법을 생각해 냈다. 바로 '세포자살'을 통해 세포의 죽음을 관리하는 것이다.

세포가 자살한다니, 섬뜩하기 짝이 없다. 하지만 세포 자살은 우리 몸을 유지하는 데 중요한 역할을 한다. 심지어 하나의 세포인 수정란에서 기관을 갖춘 온전한 생명체로 발달하는 과정에서도 세포자살은 없어서는 안 될 과정이다. 우리는 태아 발달기 동안 손가락 사이에 피부막을 가지고 있는데, 만약 이 피부가 계획에 따라 사멸하지 않았다면 우리는 모두 물갈퀴를 갖고 있을 것이다. 올챙이도 세포자살의 도움 없이는 꼬리를 없애지 못해 개구리가 되어서도 긴 꼬리를 달고 뛰어다녀야 할 것이다.

세포자살은 외부의 신호를 통해 시작될 수도 있고, 세포 스스로 그 과정을 시작할 수도 있다. 예를 들어 세포가 자신의 세포분열이 통제 불능 상태에 빠졌음을 인식하면 이 세포는 비상벨을 누르고 스스로 죽을 수 있다. 그러면 세포 안의 내용물이 쪼개지고 수축하면서 기포가 배출된다. 이후의 뒤처리는 면역세포들의 몫이다. 면역세포는 자살한 세포를 발견해 먹어치운다. 통제가 되지 않는 세포의 성장을 막는다는 점에서 세포자살은 매우 중요하다. 왜냐하면 세포자살이 줄어들어 세포의 성장이 통제받지 못하면 결국 종양이 생겨 암으로 성장할 수 있기 때문이다. 정반대의 경우도 존재한다. 즉 세포자살이 너무 활성화되면 우리 몸에 반드시 필요한 세포에 문제가 생길 수도 있다. 제1형 당뇨병이나 다발성경화증 같은 자가면역질환이 대표적인 예다.

생물을 제대로 배우지 않았거나 앞으로 배울 예정이 없더라도 세포의 생성과 사멸 과정은 알아 둘 만하다. 세포의 생성과 사멸을 살펴보면 다음의 두 가지를 알 수 있기 때문이다.

1. 세포도 세상에 태어난다.
2. 세포도 언젠가는 죽어야 한다.

몸 안에서 삶과 죽음이 적절하게 균형을 이룰 때 우리는 비로소 건강한 삶을 꾸려갈 수 있다. 만약 죽음이 없다면 우리는 너무 늙어 거의 작동하지 않는 세포를 힘들게 끌고 다녀야 할 것이다. 혹은 주변에 칠칠맞게 분비물을 흘리고 다니는 한낱 세포더미로 전락할 것이고, 이 세포더미는 시간이 지날수록 점점 더 커질 것이다. 덧붙이자면 두 가지 모두 내가 바라는 삶의 모습은 아니다.

반드시 필요한 죽음

죽음은 대단히 불쾌한 일이다. 어떤 죽음은 불공평할 수도 있다. 그러나 크든 작든 죽음은 꼭 필요하다. 내키지 않지만 이 사실을 인정할 수밖에 없다. 특히 일을 미루기로는 둘째가라면 서러울 나 같은 사람에게 종말이 없는 삶은 엄청난 재앙일 것이다. 만약 2,000년 뒤에도 살아서 계속 활동할 수 있다는 보장이 있다면, 무슨 일을 더 미루게 될지 알 수 없기 때문이다. 나는 아마 그때까지도 이 책의 원고를 완성하지 못해 차일피일 마감을 미루고 있을 것이고, 영원히 같은 나무 사이를 산책하며 영원히 같은 사람들과 관계를 맺을 것이고, 수천 년 동안 같은 친구들과 지내야 할 것이다. 당장은 이런 상황에 반대할 이유가 없다. 그러나 수백 년만 지나도 나는 죽음을 청원하고 있을 것이다(여러분 중 일부는 이 마음에 공감할 것이다).

죽음이 없다면 발전도 미래도 없을 것이고, 단지 늘 같은

'지금 여기'만 있을 것이다. 무언가가 끝났을 때에만, 빈 곳이 있을 때에민 새로운 일이 시작될 수 있다. 그렇지 않으면 새로운 출발은 영영 없을 것이다. 그렇다. 이는 자명한 이치이고 진리다. 누군가는 달리 생각할 수도 있겠지만, 나는 변화 없는 세계란 최악의 악몽이라고 생각한다.

그래서 죽음이 좋은 일이라고? 아니, 그건 아니다. 나는 여전히 죽음을 좋아하지 않는다. 나는 헤르미네가 그립다. 내게 자신들의 유해만 남기고 돌아올 수 없는 길을 가버린 사람들도 그립다. 더욱이 나는 죽고 싶은 마음이 없다. 그러나 죽음이 없는 세계에 살고 싶지도 않다. 이런 이중적인 상황과 화해하는 방법을 이 책에서 함께 찾아보면 좋겠다.

어이, 뭐라고?

제2장

나이가 든다는 건 어떤 느낌일까

늙어 간다는 것에 대하여

얼마 전 어머니가 지내고 계신 시골 들판을 산책하다가 처음으로 내 머리에서 새치를 발견했다. 나는 이 새치를 사진으로 남겼다. 혼자서 사진을 찍는 게 조금 부끄럽기는 했지만, 인적 드문 시골의 들판이었으므로 그 모습을 지켜보는 사람은 없었을 것이다.

많은 이들이 자신의 머리카락 사이에서 흰머리를 발견하면 두려움에 빠진다. 그리고 바로 흰머리를 뽑은 다음, 이를 감출 염색약 정보를 알아본다. 그렇게 흘러가는 시간을 멈추려는 것이다. 그러나 나와 흰머리의 첫 만남은 평화로웠고, 나는 '아하! 내가 이제 늙는구나!'라고 생각했다. 흰머리를 발견했다고 대단한 변화가 생긴 것도 아니다. 이 글을 쓰고 있는 나는 32세다. 2020년 기준으로 30대 초반은 노화라는 표현을 쓰아 될 정도로 인상적인 나이가 아니다. 그러나 내가 만약 16세기 잉글랜드에 사는 헨리 8세의 아내였다면 거의 인생 말년에 도달했을 나이다.

생물의 정의와 비슷하게 '노화'의 정의도 얼핏 보면 매우 간단해 보인다. 그러나 모든 현상을 포괄하고 모든 학자가 동의하며, 널리 인정받는 노화의 정의는 존재하지 않는다. 자, 이제 펜을 들어 아래의 빈 칸에 자신이 생각하는 노화의 정의를 적어보자. 그리고 스스로 생각하고 있던 노화의 정의가 이 장을 다 읽은 후에도 그대로인지, 아니면 바뀌는지 확인해 보자.

_____

_____

_____

_____

_____

노화에도 종류가 있다

먼저 보편적으로 적용되는 확실한 '노화'에 대해 이야기해 보겠다. 이 노화는 소위 '1차 노화'라고 불린다. 1차 노화는 세포의 노화 과정을 의미한다. 즉 생리적 노화로, 질병이 주요 원인으로 작용하지 않는 우리 신체의 자연스러운 변화 과정이다. 1차 노화는 우리 모두가 지금 경험하고 있거나 언젠가 경험하는 과정이다. 우리가 내내 건강한 상태를 유지하더라도 언젠가는 주름이 생기고 머리가 빠지며, 점심 식사 후 휴식에 집착하게 될 것이다.

또 다른 형태의 노화도 존재하는데, 바로 손상을 통한 '2차 노화'다. 2차 노화는 1차 노화의 진행을 더 강하고 빠르게 만드는 요인이다. 질병, 운동 부족, 약물과 알코올, 광선(그렇다, 태양 광선도 포함된다!)에 다소 안일하게 대처하기, 그리고 영양 불량 같은 요인은 우리를 무덤으로 더 빨리 데려간다. 글을 쓰고 있는 지금 내 옆에 막 뜯은 초콜릿과 와인 한 잔이 놓여 있다는 점에서, 이런 유혹에서 벗어나기가 대단히 힘들다는 사실을 알 수 있다. 그러나 이러한 2차 노화는 여기서 다루지 않을 것이다.

아주 간략하게 말하면, 이전에는 노화를 '시간이 지나면서 생기는 능력의 상실'로 정의했다. 우리는 나이가 들어가면서 육체적, 정신적 손실이 점점 늘어나고 있다는 사실을 인정해야 한다. 이전에는 아무 문제없이 해오던 일들이 처음에는 어려워지나가 언젠가부터 전혀 되지 않는다. 노력이나 선상 상태와 상관없이 일흔이 된 우리는 20대처럼 축구를 잘할 수는 없을 것이다. 매일, 하루도 빠짐없이 열심히 운동을 해도 소용없다. 우리의 의지와는 상관없이 20대 후반이 되면 신경근육 기능이 쇠퇴하기 때문이다. 꾸준히 운동을 하고 건강한 생활방식을 유지한다면 이 진행을 늦출 수는 있겠지만, 그래도 영영 멈추지는 못한다.

노화는 곧 쇠약해진다는 의미일까

이전부터 노화를 새롭게 정의하려는 시도는 계속 있어 왔다. 그 가운데 특히 흥미를 끄는 정의를 꼽아 보자면, '노화는 시간의 경과에 따른 유기체의 변화'[4]라는 것이다. 과거의 정의와 얼핏 비슷하게 들리겠지만, 여기서는 능력의 상실보다는 변화를 강조한다.

아주 어릴 때를 생각해 보자. 우리는 자라면서 새로운 능력을 얻고, 이전에는 할 줄 몰랐던 일을 하나씩 할 수 있게 된다. 뒤집기, 말하기, 걷기, 자신을 독립된 개인으로 파악하기 등등. 그리고 이와 동시에 늙어 간다. 지금 우리가 너무 당연하게 여기는 일들이 10대, 혹은 그 이전에는 전혀 당연하지 않았다. 또한 성인이 된 사람들은 청소년 시절보다 덜 오만한 경우가 많은데, 그저 과거를 되돌아보는 경험 자체가 이런 겸손을 만들어 준다. 부모님이 인내심을 갖고 수저 잡는 법을 가르쳐 주던 일, 혹은 아기용 변기에 똥을 누고 그 옆에 있지 말라고 알려 주던 일을 회상해 보면 된다("만지면 안 돼, 지지야, 요나스!").

내가 하고 싶은 말은, 노화가 그저 쇠약해지는 과정만을 뜻하지는 않는다는 점이다. 우리의 성장이 늘 어떤 능력의 획득만을 의미하지는 않듯이 말이다. 예를 들자면 나는 엄마의 자궁 안에서 난자 생성 능력을 대부분 잃어버렸고, 좀 더 나중에는 난자로 자라날 미성숙한 세포(난모세포) 약 40만 개를 지니고 세상에 나왔다. 비록 최근 연구에서 성인의 난소 안에 줄기세포가 있다는 사실을 밝혀내기는 했지만, 어쨌거나 지금의 나는 새로운 난자세포를 더는 만들지 못한다.[5] 이것이 전부가 아니다. 세상에 나온 후 내 혈관은 계속해서 탄성을 잃어버렸고, 육체적 유연성도 곧장 바닥으로 떨어졌다. 아기였을 때 나는 말도 안 되는 온갖 자세로 이동할 수 있었지만, 성장하면서 이 능력은 점점 퇴화했다.

이는 당신도 마찬가지다. 단도직입적으로 우리가 일상에서 늘 경험하는 사례를 하나만 살펴보아도 이 변화를 실감할 수 있다. 공부를 하다가 펜이 바닥에 떨어지면 나는 더 이상 바로 반응하지 않고, 함께 보고 있던 책도 바닥으로 낙하할 때까지 기다린다. 물론 책이 떨어지기까지는 시간이 조금 걸리겠지만 공부에 지친 내가 몸을 이리저리 틀다가 언젠가는 책도 쳐서 떨어트릴 것이기 때문이다. 이는 대단히 실용적인 방법인데, 펜과 책을 각각 줍기 위해 두 번 몸을 숙이는 대신 한 번만 몸을 숙여 두 가지를 동시에 해결할 수 있기 때문이다. 또한 생물학 전공자로서 나는 지금 운동을 열심히 해도 내년에 몸이 더 나아진다는 보장이 없다는 사실을 잘 알고 있다. 그래서 기차를 오래 탈 때면 여행용 목 베개를 준비한다. 중력과의 싸움에서 패배할 것을 미리 알고 있기 때문이다. 특히 사무실 책상이나 지하 창고 등에서 무거운 상자를 옮길 때면 시간의 흐름에 수반되는 변화인 노화를 생생히 느낄 수 있다.

재생산 능력이 노화를 막는다고?

앞에서 살펴본 정의에 따르면 노화는 특별히 큰 변화의 단계에서 집중적으로 늙는다는 것을 의미하기도 한다. 먼저 우리는 배아 발달기 동안 가장 강렬하고 급격한 변화를 겪는다. 우리는 이 시기에 거대한 단세포에서 완전히 생명을 꾸려갈 수 있는 유기체로, 더 나아가 상당히 강력한 생물로 발달한다.

다음으로 크고 중대한 변화는 출생 후에 시작되어 생후 1년 사이에 진행된다. 이 시기에 인간 아기의 몸무게는 두 배로 늘어나고, 골격도 변화하며 뼈의 일부는 더 단단해진다. 예를 들어 머리뼈에 있는 '숫구멍'이 닫힌다. 아기 때 뇌를 다치지 않으려면 이 부드러운 부분을 매우 조심해서 다루어야 한다. 그 이후의 성장은 상대적으로 비슷한 속도로 진행되다가, 마침내 진짜 골치 아픈 시기인 사춘기에 도달한다.

사춘기는 악몽과 같다. 다르게 표현할 방법이 없다. 이 시기에 이르면 거의 모든 사람이 예외 없이 악몽에 휘말려 든다. 처음에는 괜찮은 것 같기도 하다. 우리는 학교에 가고, 킥보드를 타고 여기저기 돌아다니며 어린이 시리즈를 본다. 그러다 어느 순간, 우리는 육체와 정신이 우리에게 전쟁을 선포했음을 직감한다. 우리의 모습은 아이 때와 달라진다. 일부는 갑자기 가슴이 커지고, 어떤 남자아이들은 수업 중에 칠판 앞에 불러 세우지 말라고 요청한다. 숙제를 깜빡 잊고 하지 않아서가 아니다. 칠판 앞에서 그래프를 그리다가 자신도 모르는 사이에 발기한 모습을 반 친구들에게 보이고 싶지 않기 때문이다. 익숙하지 않은 자리에 털이 나고 몸에서 나는 냄새도 달라진다. 어떤 아이들은 변성기를 맞이하고, 친구들에게 새로운 방식으로 반응한다. 처음에는 거칠고 열광적인 모습을 보이지만, 갑자기 슬픔과 분노, 짜증과 불안을 느낀다. 자신의 몸을 부끄러워하면서 자신이 이해받지 못한다는 느낌을 받는데, 자신도 스스로를 전혀 이해하지 못하기 때문이나 우리의 뇌는 호르몬으로 가득 차고, 아직 우리가 다루는 법을 배우지 못한 것들을 먼저 느끼도록 만든다. 공격적이고 예의 없는 태도를 보이다가, 다시 사랑을 필요로 하는 유순한 모습이 된다.

이처럼 10대의 삶은 롤러코스터를 타는 것과 같다. 그리고 우리 부모들은 이 엄청난 비상 상황에서 잘 씻지 않는 10대를 놀리는 농담을 페이스북에 공유하고, 이 위급한 상황에 처한 10대를 '사춘기 짐승들'이라고 부른다. 말 나온 김에 조금 덧붙이자면, 고작 40년 전만 해도 나무 막대기를 먹으려 하고, 자기 기저귀 안에 있는 내용물을 자기 손가락으로 조사하려고 했던 생물이 이런 농담을 주고받는 건 대단히 주제넘은 일이다. 그러나 인간은 이런 일은 쉽게 잊어버린다.

한마디로 요약하면 사춘기는 모두에게 힘든 시기다. 사춘기를 맞은 청소년은 자신들이 무슨 일을 겪고 있는지 모른다. 부모 또한 10여 년을 함께 지낸 아이가 어느 날 밤에 갑자기 외계인에게 납치되어 도플갱어로 바뀐 것 같다고 느낀다. 도무지 행동을 예측할 수 없기 때문이다. 그러나 이 모든 일들은 성적 성숙을 위해 필요한 변환에 뒤따르는 부작용에 불과하다. 우리는 이 시기에 급격하고 커다란 변화를 경험하고, 이 과정이 지나면 비로소 성인이 되어 후손을 생산할 수 있는 인간이 된다.

스스로 어떤 성에 매력을 느끼는지 탐구하기 시작하고, 어떤 사람들은 태어날 때 얻은 성별이 자신과 맞지 않는다고 여기기도 한다. 많은 것과 단절하는 시기이고, 몰래 포르노를 보기도 하며, 변화로 가득 찬 시기다. 동시에 거대한 노화의 시기이기도 하다. 말 그대로 질풍노도와 같은 시기를 지나 심리적으로 안정되면 신경질, 고함, 짜증으로 가득했던 가족 모임은 다시 조용해지고, 세포 차원에서도 안정된 시기가 도래한다. 이 안정 상태는 15년 정도 지속된다.

사춘기 이후 이 15년 동안 우리는 생물학적으로, 그리고 노화의 관점에서도 크게 변하지 않는다. 외형은 당연히 달라진다. 머리가 빠지기 시작하고, 피부의 탄력도 점점 잃어 간다. 그러나 세포 차원에서 보면 이 시기는 매우 고요한 단계다. 이 시기에는 세포생성과 세포사멸이 균형을 이룬다. 세포 하나가 죽으면 다른 세포가 이를 대체하고 세포 자체의 변화도 거의 없다. 말하자면 이 시기에 세포의 노화는 거의 일어나지 않는다. 세포가 별일 없이 잘 지내고 있는 이 시기에 우리는 많은 것들을 배우고, 대학 공부를 하며 공유주택이나 기숙사 등으로 이사를 한다. 한편 생물학적으로는 가장 중요한 시기이기도 하다. 생식능력이 가장 높은 시기이기 때문이다.

《종의 기원》으로 유명한 19세기 진화생물학자 찰스 다윈에 따르면, 유기체의 가장 중요한 능력은 '재생산'이며, 종을 유지하기 위해 충분한 후손을 생산하는 게 생명체의 본질이라고 한다. 이렇게 생식력이 가장 높은 시기에 노화가 빠르게 진행된다면 재생산에 매우 불리할 것이다. 과학자 크레이그 애트우드Craig S. Atwood와 리처드 보언Richard L. Bowen이 이끄는 연구팀은 노화와 호르몬의 관계를 다룬 연구에서 노화와 재생산 사이의 관계를 아주 근사하게 지적했다. 2004년, 이 연구팀은 노화를 호르몬 상태와 함께 살펴보면서 살아 있는 동안 호르몬을 조절하는 요인이 어떻게 달라지는지 연구했다. 특정 성호르몬의 비율이 특히 언제 높아지는지, 이때 우리의 노화는 어떻게 진행되는지를 관찰했다. 이 연구의 결과는 〈노화의 생식세포 주기 이론Reproductive-Cell Cycle Theory of Aging〉이라는 제목으로 발표되었다. 이 논문에는 위에 언급된 성호르몬 비율과 노화의 관계 이외에도 흥미로운 내용이 포함되어 있다.

이 연구의 결과는 노화와 생식능력이 서로 배타적 관계임을 암시한다. 생물의 생애주기는 생식능력이 매우 높거나, 아니면 노화가 급속하게 진행되는 상황에 있다. 어쩌면 이 이야기를 듣고 '아하!'하며 이런 의문을 떠올릴지도 모르겠다. '이런 상호 배타성을 이용해서, 생식 가능한 기간을 늘리면 노화를 완화할 수 있지 않을까? 다시 말해 호르몬을 투여해 생식능력을 자극하면 노화를 늦출 수 있지 않을까?'

얼핏 보면 타당한 해법처럼 보이지만 문제는 그렇게 단순하지 않다. 호르몬을 조절하면 다른 영역에서 예측할 수 없는 부작용이 생길 수 있기 때문이다. 피임약의 부작용을 생각해 보라. 더욱이 너무 긴 시기 동안 세포가 과하게 성장하는 것도 건강에 좋지 않다. 우리가 늙어갈수록, 즉 우리 세포가 더 많이 분열할수록 암이 발생할 가능성도 더 커지기 때문이다.

한편 모든 연구에서 분명하게 드러나는 점이 하나 있다. 바로 진화의 관점에서 볼 때 노화는 장점이 있는 것처럼 보인다는 사실이다. 그렇지 않다면 거의 모든 생명체가 노화를 경험할 리가 없다. 그러나 여전히 '왜?'라는 질문은 남는다.

불멸을 향한 우리의 갈망

앞서 다룬 노화와 호르몬의 관계만 보면 노화를 극복할 수도 있겠다는 희망이 보인다. 심지어 그 해결책 또한 단순하기 그지없다. 그러나 이 이론은 노화를 설명하는 수백 가지 이론 가운데 하나일 뿐으로, 말하자면 거대한 전체를 구성하는 작은 벽돌에 불과하다. 노화를 연구한 논문은 무수히 많은데, 왜냐하면 우리는 아직까지 노화에 대해 잘 모르기 때문이다. 인간은 너무나 복잡한 생물이므로 '우리는 왜 늙는가'라는 질문에 고작 논문 하나로 완벽히 답할 수 있을 리도 없다. '이러저러한 이유로 우리가 늙고 죽는 거야!'라고 단언할 수도 없다. 지금까지도 이에 대한 결정적인 대답은 존재하지 않는다.

우리는 왜 죽어야 하는가

'왜 인간은 죽어야 하는가'라는 질문은 최근에 던져진 문제가 아니다. 기원전 4세기에 철학자 에피쿠로스가 이미 이 문제를 다루었다. 에피쿠로스는 이 주제에 심드렁한 태도를 보이며 한 편지에 이렇게 썼다.

그러므로 가장 끔찍한 일인 죽음은 우리와 아무 상관이 없다.
왜냐하면 우리가 존재하는 곳에는 죽음이 없으며, 죽음이 있
는 곳에는 우리가 더는 존재하지 않기 때문이다.[7]

매우 실용적인 태도다. 또 어떻게 보면 에피쿠로스의 말이 옳기도 하다. 그러나 그의 주장은 우리의 호기심을 충족시키지 못한다. 모든 사람이 에피쿠로스처럼 아무런 감정 없이 죽음이라는 주제를 대할 수는 없기 때문이다.

대부분의 철학자들은 삶의 근거를 상세하게 탐구했고, 삶의 근거는 당연히 늘 죽음의 근거를 내포하고 있었다. 기원전 5세기에 주로 활동한 철학자인 플라톤은 죽을 때 영혼과 육체가 분리된다고 생각했다.[8] 그는 죽음을 최적의 상태라고 생각했고, 이 상태를 위해 매우 깊이 있는 준비를 했다. 플라톤에게 죽음이란 마침내 영혼만이, 오직 사유만이 존재하는 상태였다. 바

로 이 상태가 플라톤의 꿈이었다. 그렇다면 육체는? 우리를 살아 있게 하는 육체는 어떨까? 플라톤에게 육체란 한 사람을 지금 우리가 사는 세계와 연결해 주고, 시간이 흘러가면서 점점 더 쇠약해지며 손이 많이 가는, 귀찮은 부속물일 뿐이었다.

불멸을 향한 상상력

대부분의 사람들은 플라톤과 달리 죽음을 원치 않는다. 그렇다고 이들을 비난할 수는 없다. 우리 인간은 언제나 죽음을 뒤로 미루기 위해 노력했으며, 심지어는 죽음을 완전히 없앨 가능성을 찾아 헤맸다. 인간이 스스로를 안심시키기 위해 만들어 낸 신화와 이야기는 손으로 일일이 셀 수도 없다. 죽지 않는 신과 헤라클레스와 같은 반신 이야기들이 바로 그렇다. '불멸은 저 어딘가에 반드시 존재한다. 틀림없이!' 사람들은 이렇게 생각하면서 죽지 않는 존재에 대한 수많은 이야기들을 만들어 냈다.

1~3세기에 연금술사들은 불멸의 영약을 만들기 위해 지혜의 돌을 찾으려는 계획을 세웠다. 그러나 이 문제에서도 고대 그리스인들이 한발 앞섰다. 고대 그리스의 연금술사 사이에서 전해 내려오는 말에 의하면, 헤르메스 신은 현자의 돌을 만드는 비법을 석판에 새겨 두었다고 한다. 현자의 돌은 연금술의 영약

으로, 평범한 금속을 금으로 바꾸고 사람에게 사용하면 젊음을 유지할 수 있게 해주는 능력을 가졌다고 한다. 헤르메스 신이 알려 준 바에 따르면, 현자의 돌을 만드는 재료는 불, 물, 흙, 공기, 수은, 황이다. 재료를 알고 있으니 현자의 돌을 실제로 만드는 건 시간문제일 것 같겠지만, 이야기 속의 신들이 으레 그렇듯 헤르메스는 올바른 혼합 비율을 적어두지 않았다. 신들은 늘 이런 식이다. 신들은 우리에게 불로장생의 비밀을 쉽게 가르쳐 줄 마음이 없다.

불멸을 다룬 이야기는 이외에도 많다. 16세기 헝가리의 백작 부인 바토리 에르제베트 Báthory Erzsébet의 전설도 그 가운데 하나다.[9] 바토리 백작 부인은 '피의 백작부인'이라 불리며, 오늘날 흔히 사용하는 표현에 따르면 연쇄 살인마라고 할 수 있다. 바토리 백작 부인은 자신의 성에서 재미 삼아 처녀들을 고문하여 죽였다. 그러다 한번은 처녀의 핏방울이 자신의 피부에 튀었는데, 피가 묻은 부분의 피부가 곧바로 젊어지는 느낌을 받았다고 한다. 그 이후 바토리 백작 부인은 처녀들의 피를 체계적으로 획득하기 시작했다. 그녀는 젊음과 아름다움을 영원히 유지하려고 처녀의 피를 자신의 몸에 발랐다. 결국 바토리 백작 부인은 처녀를 살해한 죄목으로 법정에 서게 되었고, 유죄를 선고받아 감금되었다. 이 전설은 진실일까? 아무도 모른다. 어떤 이들은 이 전설이 바토리 백작 부인을 음해하려는 모략이라고 주

장하기도 한다.[10]

어쨌든 우리 인간은 영원히 젊음을 유지해 주는 도구에 대한 이야기를 좋아한다. 우리는 수천 년 동안 젊음을 되찾아 주는 샘물, 죽지 않게 해주는 묘약 등을 다룬 이야기를 들어 왔고, 이 이야기를 다시 후세에 전해 주었다. 우리는 예수를 죽음에서 부활시켰고, 뱀파이어 전설을 만들었으며, 천둥이 치고 비바람이 쏟아지는 밤에 유령 이야기를 속삭인다. 사실 오늘날 각종 매체에서 등장하는 좀비는 그렇게 근사해 보이진 않는다. 그러나 좀비는 우리보다 우월한 점이 하나 있다. 바로 불멸성이다. 우리 모두가 진정 바라는 것이다.

여러 종교가 이 불멸을 향한 염원을 이해했고, 저승에 대한 다양한 시각을 제공해 사람들을 안정시키려고 했다. 이 저승관에 대해서는 뒤에서 다시 다룰 예정이다. 하지만 우리가 언젠가 죽는다는 사실, 그 죽음은 단 한 번 일어난다는 것, '태어나고, 살고, 죽고 끝!'이라는 사실에는 과학조차도 만족하려 하지 않는다. 과학은 언제나 원인을 이해하려 노력하고, 존재의 상태를 따져 묻는다. 그러므로 노화 이론이 쌓여 있는 창고에서 재고가 떨어질 날은 당분간은 오지 않을 것이다.

노화를 설명하기 위한 노력

과거에 노화는 일종의 실수이자 쇠약함이며, 또한 오류의 일종으로 받아들여졌다. 그래서 이 '실수'의 원인을 밝히고 궁극적으로는 이를 극복하기 위해 수많은 연구가 이루어졌다. 덕분에 과학적으로 노화의 이유와 메커니즘을 설명하는 이론은 엄청나게 많다.

하지만 이 이론들도 크게 보면 두 갈래로 구분할 수 있다. 하나는 소위 '손상이론'이다. 손상이론은 말 그대로 시간이 지나면서 우리 몸의 어딘가에 손상이 일어나기 때문에 노화가 일어난다고 설명한다. 20세기 중반부터 큰 사랑을 받았고 그중 일부는 오늘날까지도 대중들, 다시 말해 '비전문가'들 사이에서 큰

지지를 받는다. 나머지 한 가지 흐름은 노화를 진화의 장점과 연결지어 설명하는, 이른바 진화 생물학적 접근방식이다.

물질대사가 빠르면 노화도 빨라질까

　1928년 미국 생물학자 레이먼드 펄Raymond Pearl은 생활 속도 이론Rate-of-Living Theorie[11]을 주장했는데, 이 이론은 1908년 독일 의학자 막스 루브너Max Rubner가 만들었던 물질대사 속도 이론 Stoffwechselrate[12]에 기초하고 있다. 여기서 물질대사 속도란 단위 시간당 에너지 대사량을 보여 주는 값이다. 예를 들어 1분당 산소 소비량을 측정하면 한 동물의 물질대사 속도를 파악할 수 있다. 루브너는 대형 동물의 기대수명이 작은 동물보다 대체로 더 길다는 사실에 주목했다. 가령 작은 동물인 쥐는 상대적으로 큰 동물인 사람, 혹은 그보다 훨씬 더 큰 동물인 코끼리보다 물질 대사 속도가 빠르다. 펄은 바로 이 사실에 착안하여 이론을 전개했다. 즉 물질대사 속도가 빠를수록 기대수명이 더 짧다고 주장했다. 쥐는 물질대사 속도가 더 빠르기 때문에 더 일찍 죽고, 코끼리의 물질대사 속도는 느리므로 더 오래 산다는 것이다. 펄은 여기에 덧붙여 특정한 세포 단위의 수명이 정해져 있다고 주장하면서 그 수명을 다 쓰면 유기체는 사망에 이를 것이라고 예측했다.

　루브너의 생활 속도 이론과 이에 기초한 펄의 물질대사 속도 이론은 죽음의 이유를 설명하려던 학계 전반에 큰 영향력을 발휘했다. 그래서 이 이론이 발표된 이후에 진행된 연구는 여기서 영감을 받은 경우가 많았다. 가령 인간의 심장은 박동 수에 한계가 있어서 이 정해진 박동 수만큼 심장이 뛰고 나면 죽는다는 주장도 있었다.[13] 이에 기초해 인간의 물질대사 속도를 늦추면 더 오래 살 수 있다고 생각한 과학자도 있었다. 만약 이 주장이 사실이라면 운동을 싫어하는 투덜이들에게는 멋진 소식이 될 것이다. 운동을 하면 일반적으로 호흡이 격렬해지고 심장이 더 빨리 뛰기 때문에, 물질대사를 늦추기 위해서는 운동을 하지 말아야 한다는 결론이 나오기 때문이다.

　그렇다면 나의 햄스터 헤르미네는 밤마다 미친 듯이 쳇바퀴를 돌렸기 때문에 일찍 죽었을까? 그럼 헤르미네가 마음껏

뛰어 놀 수 있도록 계단이 많고 넓은 케이지를 만들어 준 나는 헤르미네의 단명에 책임이 있단 밀인가?

결론부터 말하자면, 그렇지 않다.

운동을 하면 근육이 커지고 심장과 폐가 단련되면서 신진대사율과 기초대사율이 높아진다. 기초대사율이란 신체가 고요한 상태에 있을 때, 즉 어떤 활동에도 몰두하지 않은 상태에서 신체를 유지하는 데 필요한 에너지량을 의미한다. 물질대사가 느릴수록 더 오래 산다는 펄의 이론에 따르면, 물질대사가 빨라질수록 수명도 짧아진다는 결론에 이른다.[14] 그러나 운동을 즐긴다고 그렇지 않은 사람보다 먼저 관 뚜껑을 닫는 처지가 되지는 않는다. 오히려 그 반대다. 주위를 둘러보면 느끼겠지만 실제로도 운동을 하는 사람이 더 오래 사는 경우가 많다. 다만 운동을 매일 조금씩 하는지 혹은 주말에만 몰아서 운동하는지는 크게 상관이 없다.[15]

여러 연구를 통해 이러한 사실이 확인되면서 생활 속도 이론은 오늘날 신빙성을 잃었다. 2020년 초에 한 연구팀이 생활 속도 이론의 허구성을 증명하는 마지막 쐐기를 박았다. 이 연구팀은 신진대사율과 기대수명 사이의 반비례 관계가 특히 포유동물에게는 존재하지 않음을 확실하게 증명했다.[16] 요약하자면, "레이먼드! 미안하지만 그런 건 존재하지 않아." 하지만 여기에서 멈추기는 아쉬우니, 다른 손상이론을 좀 더 살펴보자.

우리 몸에 오류가 축적된다면

1956년 미국 과학자 데넘 하먼 Denham Harman 은 '유리기 이론free radical theory'이라는 손상이론을 주장했다.[17] 세포가 산화 스트레스oxidative stress 상태에 빠지면 활성산소가 생기면서 세포 내부의 산소 농도가 급격히 균형을 잃는다. 이 이론에 따르면 활성산소는 세포에 손상을 줄 수 있고 노화 과정을 촉진한다.

유리기 이론은 당시에 제대로 증명되지 않았기 때문에 유사과학의 일종으로 간주되었다. 허점이 많은 엉터리 이론이라고 여겨졌던 것이다. 그런데 요즘 들어 반전이 일어났다. 최근의 여러 연구에서 활성산소가 최소한 암이나 알츠하이머 같은 질병의 발생에 영향을 미친다는 사실이 증명된 것이다. 이런 질병은 당연히 수명을 단축할 수 있다.

손상이론은 이후로도 계속 유행하면서 대중에게도 많은 이론이 알려졌다. 1963년에는 영국 화학자 레슬리 오겔Leslie Orgel이 '오류-파국 이론error catastrophe theory'을 제시했다.[18] 이 이론은 단백질 합성이 부정확하게 일어날 경우 손상이 일어난다고 본다. 우리 몸이 단백질을 생산할 때 DNA 중합효소 같은 단백질이 불완전하게 만들어지고, 이러한 요인으로 노화가 발생한다는 주장이다.

조금 더 상세하게 살펴보자. DNA 중합효소는 세포가 분열할 때 DNA의 한쪽 가닥을 읽고 이와 쌍을 이루는 새로운 DNA 가닥을 만드는 일을 놓는다. 만약 DNA 중합효소가 DNA 복제 과정에서 실수를 저지르고 이 오류가 계속 누적된다면, 최악의 경우 세포의 붕괴, 세포의 죽음(=파멸)으로까지 이어질 수 있다. 레슬리 오겔은 시간이 지날수록 오류가 점점 더 자주 일어나고, 따라서 나이를 먹으면 고장 나고 죽은 세포들이 많아져 노화 현상이 생겨난다고 주장했다.

이 이론은 얼핏 그럴싸하게 들리지만, 곧 여러 비판에 직면했다. 왜냐하면 우리는 세포 안에 이런 오류를 수정할 수 있는 충분한 수리 체계를 갖추고 있는 데다, 오류 비율과 노화 현상 사이에 뚜렷한 관계를 찾기도 힘들기 때문이다. 또한 인간의 단백질 합성 기능이 나이가 들어가면서 이런 방식으로 저하된다는 과학적 증거는 아직 발견되지 않았다. 이 모든 비판에도 불구하고, 많은 연구자는 오류-파국 이론의 접근 방식에 여전히 장점이 있다고 생각하여 계속해서 이 주제를 연구하고 있다.

노화 연구가 막 시작될 무렵에는 이처럼 여러 손상이론이 제법 유행했다. 그러나 시간이 지나면서 과학자들은 오류와 소모를 노화의 유일한 원인으로 보는 관점과는 거리를 두게 된다. 최근에는 노화 이론이 새로운 방향에서 연구되면서 점차 그 영역이 넓어지는 추세다.

유전자가 수명을 결정한다면

죽음의 이유를 해명하는 손상이론 가운데 1991년에 제기된 '텔로미어 가설telomere hypothesis'보다 주목받는 이론은 없다.[19] 노화를 연구하던 연구자들은 '텔로미어'라고 부르는 염색체 끝부분이 세포 노화에서 대단히 중요한 기능을 한다고 확신했다. 이 이론의 핵심만 요약하자면, 세포분열을 더 많이 할수록 세포의 텔로미어가 짧아지면서 수명 또한 줄어든다는 것이다.

노벨 의학상을 수상한 분자생물학자 엘리자베스 블랙번 Elizabeth Blackburn[20]이 이끄는 연구팀은 '텔로머레이스Telomerase'라는 효소가 텔로미어의 길이를 늘릴 수 있다는 사실을 밝혀냈다.

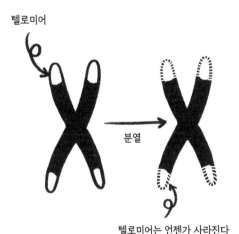

끝에 텔로미어가 달려 있는 염색체

일반적으로 텔로미어는 환경의 영향을 받아 계속 짧아진다. 텔로미어가 특정한 길이만큼 짧아지면, 세포는 은퇴하여 더는 분열하지 않는다. 이 상태를 '세포 노화senescence'라고 부른다.

텔로미어는 1996년에 세상에 나온 복제 양 '돌리'의 죽음을 이야기할 때도 빠지지 않는 주제다. 돌리는 성공적으로 복제된 첫 번째 포유동물이었다. '복제'란 유전적으로 동일한 생명체를 만드는 일을 의미한다. 말하자면 종이 위의 내용을 복사하는 것과 같다. 복제라고 말하면 굉장히 인위적인 과정으로 느껴질 수도 있겠지만, 사실 자연계에서도 복제는 낯선 생식법이 아니다. 분열법으로 번식하는 짚신벌레나 어미나무에서 잎이나 가지를 잘라 꺾꽂이로 번식시킨 식물도 모두 유전자가 동일한 복제생물이다. 물론 양은 햄스터나 인간처럼 유전물질 두 가닥의 조합을 통해 번식하는 생물이기는 하다.

돌리에게 유전자를 제공한 '공여 양'은 다섯 살이었으므로, 유전자를 제공할 때 공여 양의 세포는 이미 한 번 이상의 세포분열을 한 상태였다. 따라서 당연히 그 나이에 맞는 짧은 텔로미어를 갖고 있었을 것이다.

돌리를 복제하는 과정은 이랬다. 연구자들은 죽은 공여 양의 젖샘세포를 배양했다. 그리고 다른 양에게서 난자를 추출한 다음, 이 난자세포의 핵을 제거하고 공여 양의 젖샘세포에서 분리한 세포핵을 대신 주입했다. 이렇게 하면 비록 껍데기는 다른 양의 난자세포지만 세포핵의 유전물질은 공여 양에게서 추출한 것이므로, 유전적으로 보자면 이 세포는 죽은 공여 양의 세포와 동일하다. 다만 이 난자세포가 실제로 수정된 난자처럼 세포발달을 시작하기 위해서는 사람의 손길이 필요하다. 이 단계를 거치면 난자는 앞 장에서 언급했던 것처럼 하나에서 둘로, 둘에서 넷으로 나뉘면서 생물체로 발달을 시작한다.

모든 연구가 그렇듯 돌리를 복제하는 과정에서도 수많은 실패가 있었다. 특히 새로운 세포핵을 받아들인 난자세포가 활동을 시작하기도 전에 죽어 버리는 문제가 컸다. 또는 세포발달이 제대로 이루어지지 않기도 했고, 태아 단계까지 발달한 뒤에도 오류가 생겨 죽기도 했다.[21] 그러던 어느 날 드디어 연구가 성공했고, 복제 양 돌리가 세상에 나왔다. 하지만 돌리의 수명은 예상보다 짧았다. 돌리는 6.5세 때 죽었다. 양의 평균 기대수명이 대략 10~12년 정도이니, 그 절반밖에 살지 못한 것이다. 이 조기 사망의 원인이 공여 양의 젖샘세포에서 복제된 짧은 텔로미어 때문이라고 보는 견해가 있다.[22] 이 젖샘세포는 이미 분열을 여러 차례 거쳤던 세포이기 때문이다.

한편 인간에게도 조기 노화 현상이 있다. 바로 '베르너 증후군'이다. 베르너 증후군에 걸린 사람은 사춘기에 도달할 때까지는 다른 사람들과 같다. 세포가 정상적으로 분열하면서 신체도 제대로 성장한다. 그러나 어느 시기부터 더는 키가 크지 않는다. 피부가 얇아지고 혈관이 불안정해지며, 골다공증이나 심장병 등 급속한 노화의 진행을 알리는 여러 증상이 나타난다. 베르너 증후군이 있는 사람은 30세에 이미 열 살은 더 늙어 보인다. 육체는 일찍 노쇠하고, 대부분 50세까지 살지 못한다.

문제는 세포 분열에 있다. 베르너 증후군 환자의 세포는 약 스무 번 정도만 분열할 수 있고 그다음에 세포 노화 상태로 진입한다. 말하자면, 베르너 증후군 환자의 세포는 너무 일찍 은퇴한다. 베르너 증후군 환자의 염색체 끝에 붙어 있는 텔로미어가 잘못된 단백질 때문에 잘 보호받지 못하고 더 빨리 마모된다는 주장도 있다. 일반인보다 훨씬 빠르게 줄어드는 베르너 증후군 환자의 텔로미어는 어느 순간 심각한 길이에 도달하여 더는 세포분열을 하지 못한다.

개체의 죽음이 종의 생존에 유리하다면

노화를 설명하려는 시도는 대단히 많다. 과거에는 앞서 살펴본 것처럼 노화를 일종의 손상으로 보는 이론들이 많았지만, 오늘날의 연구자들은 조금 다른 접근 방식을 취한다. 최근 노화 연구에서는 진화생물학적 관점에서 '죽음을 통해 진화에서 갖는 장점이 무엇인가'라는 질문을 던진다. 그리고 이를 위해 우리 몸이 어떤 구체적인 준비를 하는지 연구한다.

이미 19세기 말에 독일의 생물학자 아우구스트 바이스만 August Weismann 은 개체의 죽음이 종의 생존에는 유리함을 제공하기에 불가피한 일이라고 보았다.[23] 적절한 때 세상을 떠난다면 우리는 다음 세대와 자원을 둘러싼 끝없는 경쟁에 내몰리지 않고 서로의 입에 들어갈 빵을 빼앗을 필요도 없다. 결과적으로 우리 아이들이 이용할 수 있는 자원은 더 많아질 것이다. 물론 우리가 지금처럼 분별없이 지구를 파괴하지 않을 때에만 그렇겠지만 말이다. 결론적으로 바이스만은 불멸이 종의 생존에 불리하다고 주장했다. 한번 생각해 보자. 우리가 영원히 산다면 우리의 후손도 영원히 살 것이다. 이런 상황에서 우리 세대뿐만 아니라 나중에 태어날 후손까지도 모두 고려한 자원과 식량의 공급 방법을 찾아내지 못하면, 우리 인간뿐만 아니라 지구상의 다른 모든 생명체 역시 결국은 멸종에 이를 것이다.

바이스만은 여러 이유로 이론을 철회했다. 하지만 21세기에 들어오면서 종의 생존을 위해 계획된 개체의 노화와 죽음이라는 주장이 다시 과학자들의 흥미를 끌었다. 최소한 빵효모에는 이타적인, 스스로를 희생하는 노화와 죽음이 존재한다는 사실이 증명되었다. 지금은 프랑스에서 연구하는 과학자 파올라 파브리치오 Paola Fabrizio 가 이끄는 연구팀이 2004년에 이러한 현상을 발견했다.[24] 효모의 죽음은 자기희생적이었는데, 왜냐하면 죽은 효모들은 아직 젊었고 정상적인 상태였다면 노화는 한참 뒤에나 시작되었을 것이기 때문이다. 실험에서 식량이 부족해지자 나이가 많은 효모 세대는 평소보다 더 일찍 죽었다. 그러자 죽은 효모 세포를 먹이로 먹을 수 있는 '변이' 후손들이 생겨났다. 변이가 일어나지 않았다면 그 후손들은 죽은 효모 세포를 먹이로 삼을 수 없었을 것이다. 후손들이 더 많은 자원과 더 나은 생존 가능성을 얻기 위해 앞선 세대가 더 일찍 죽은 것이다. 솔직히 고백하자면, 이런 일이 우리 인간에게는 일어나지 않는다는 점이 너무나 다행스럽게 여겨진다.

식물 세계와 동물의 왕국에도 이런 일이 일어난다. 가령 금어초 같은 식물은 수명이 매우 짧다. 이런 식물은 여름에 꽃을 피운 뒤 씨를 충분히 생산하고 나면 곧바로 시들어 버린다. 이 식물은 모든 에너지를 씨앗 생산에 쏟아부었기에 더는 남아 있는 에너지가 없다. 다윈의 이론을 충실히 따른다면 에너지가 더 필요하지도 않다. 이미 가장 중요한 목표에 도달했기 때문이다. 생식에 성공했으니 핵심과제를 완수한 것이다.

종의 생존을 우선시하는 전략을 식물만 사용하지도 않는다. 뒤에서 우리는 하루살이의 생애를 살펴볼 것이다. 한 가지 미리 말해 두자면, 이름에 들어 있는 '하루'는 이 동물의 실제 수명을 완곡하게 표현한 은유일 뿐이다.

우리는 얼마나 살 수 있을까

나의 헤르미네는 중가리아 난쟁이햄스터종이었고, 기대 수명은 2~3년이었으며, 종양이 생기지 않았더라면 확실히 3년 기록을 깼을 것이다.

헤르미네의 기대수명은 인간의 관점에서 보면 너무 짧다. 2020년을 기준으로 최적의 조건에서 인간의 이론적 기대수명은 약 120년이기 때문이다. 물론 우리 가운데 대부분은 이 괄목할 만한 나이에 도달하지 못할 것이다. 그렇지만 지금 태어나는 사람들은 우리 세대보다는 평균적으로 더 오래 살 것이다. 시대가 발전할수록 기대수명도 늘어나는데, 우리를 죽음의 위협으로 몰아넣는 요인들을 극복할 방법을 더 많이 찾아 내기 때문이다.

독일에서 지금 태어나는 남자아이의 평균수명은 약 79세, 여자아이는 83세다.[25] 두 사람이 50세가 될 무렵이면, 남성은 80세, 여성은 84세를 기대해도 좋을 것이다. 두 사람이 80세가 된다면, 남성은 88세까지 기대수명이 늘어나고, 여성은 아마 90세를 기대할 수 있을 것이다. 참고로 이 통계는 국가기관에 등록된 인적사항만을 기초로 한 것으로, 인터젠더나 트랜스젠더 등은 포함되어 있지 않다. 나는 생물학 전공자로서 세상에 두 가지 성별만 존재하지 않는다는 사실을 잘 알고 있지만, 그럼에도 불구하고 이 통계는 기대수명을 소개하기에는 나쁘지 않은 자료다.

하지만 세계의 다른 지역을 보면 기대수명이 그렇게 장밋빛으로만 보이지는 않는다. 만약 중앙 아프리카의 차드 공화국에서 태어났다면 이 두 사람의 기대수명은 세계에서 가장 낮았을 것이다. 차드 공화국의 평균수명은 남성은 53세, 여성은 55세다.[26] 이처럼 우리의 기대수명은 다양한 편차를 보인다. 유전적 요인, 질병, 성장한 국가와 그 국가에 존재하는 관습과 자원, 그밖에도 범죄, 전쟁, 사고 확률 등이 기대수명을 좌우하는 중요한 변수다.

우리 인간뿐만 아니라 자연계에서도 이론적으로 도달할 수 있는 최대 수명과 실제 수명 사이에 큰 차이가 존재한다. 가령 질병과 생태계의 먹이사슬은 토끼, 새, 귀뚜라미의 수명을 줄이는 중요한 요소다. 그러나 이러한 외부적 요인은 차치하고서도 자연에서 서로 다른 생물종 사이에 존재하는 수명의 차이는 실로 엄청나다. 조금 극단적이기는 하지만 수명이 아주 짧거나 아주 긴 일부 동물과 균류 그리고 식물의 수명을 살펴보면 이 차이를 실감할 수 있을 것이다.

어른이 되어 고작 5분만 살 수 있다면

4월 말의 따뜻한 밤, 해가 뜨기 1~2시간 전쯤 플로리다의 블랙워터강 강가에서 반짝이는 하얀 모래톱과 검은 강물을 바라보고 있으면 특별한 생물의 자연 놀이를 관찰할 수 있다. 이들은 '돌라니아 아메리카나 Dolania americana'라는 하루살이 종인데, '하루살이'라는 이름 그대로 번갯불에 콩을 구워 먹듯 순식간에 성충의 삶을 살다가 간다.[27]

하루살이의 생애는 보통 네 단계로 나뉜다. 첫 번째 단계에서 하루살이는 알에 불과하다. 이들은 물속에서 껍질을 깨고 알에서 빠져나갈 날을 기다린다. 알을 깨고 나온 하루살이는 두 번째 단계에 도달하여, 이른바 애벌레로서의 삶을 시작한다. 이 날개 없는 아기 하루살이는 다 자란 성충과 어느 정도 비슷해 보이지만, 여전히 물속에서 산다.

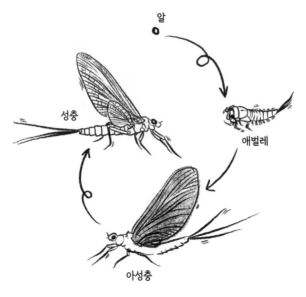

알

애벌레

성충

아성충

하루살이의 생애

세 번째 단계로 진입하기 위해 애벌레는 껍질을 벗는다. 하루살이 생애의 세 번째 단계는 '아성충' 단계로, 이 아성충 단계는 오직 하루살이에게만 있다. 하루살이는 이 단계부터 물 밖에서 생활하기 시작하는데, 이제 곧 날 수 있기 때문이다. 세 번째 단계에서는 마지막 탈피만 진행되는데, 이 마지막 탈피가 네 번째이자 마지막 단계, 완전히 자란 하루살이 생활의 시작을 알린다. 어른이 된, 완전히 다 자란 곤충을 우리는 '성충'이라고 부른다.

다시 블랙워터강 강가로 가자. 해가 뜨기 1시간 30분쯤 전

블랙워터강 강가에 앉아 있으면, 갑자기 하루살이 애벌레 무리가 수면에 등장하는 모습을 볼 수 있다. 이 애벌레들은 강바닥에서 이미 1년을 보냈다. 애벌레들은 이 상태에서 수면 위로는 거의 올라오지 않은 채 강물을 타고 조금씩 표류한다. 그렇게 강물을 따라 헤엄치는 동안 애벌레의 등껍질이 깨지면서 약 10초 안에 깨진 껍질에서 젊은 하루살이가 나온다. 돌라니아 아성충 수컷이다.

탈피 과정은 상당히 고되기 때문에 껍질을 깨고 나온 아성충 수컷은 약간의 휴식이 필요하다. 그래서 2~3초간 넉넉하게 충분한 휴식을 취한다. 조금 야박해 보이지만 하루살이의 일정표는 매우 빡빡하기 때문에 그보다 더 많은 시간을 할애할 수가 없다. 휴식을 취한 후 수컷 아성충은 하늘로 날아올라 강 위를 맴돌기 시작한다. 그리고 약 15분 뒤, 마지막 껍질을 벗고 완전한 성체 하루살이가 된다.

수컷들이 물 밖에 나와 20~30분 정도가 지나면 또 다른 애벌레들이 수면으로 떠오른다. 암컷들이 온 것이다. 주어진 시간이 매우 촉박하므로 암컷은 애벌레에서 아성충으로의 탈피만 한다. 암컷에게는 성충 단계로 가는 탈피가 존재하지 않는데, 물 밖에서 암컷의 생애는 너무 짧기 때문이다. 불과 5분밖에 되지 않는다. 엄청나게 불공평한 처사이지만 어쩔 수 없다.

아성충으로 탈피한 암컷들은 물 위를 선회하면서 이미 주위를 맴돌고 있던 수컷들을 흥분의 도가니로 몰아넣는다. 암컷 아성충의 날개는 성충의 날개보다 훨씬 눈에 잘 띄는데, 그래서 수컷들은 해가 뜰 무렵에도 암컷의 하얗게 깜빡이는 날개를 쉽게 알아볼 수 있다. 수컷 비행대는 이제 가속페달을 밟는다. 지금까지보다 더 빠르고 무모하게 비행하지만, 목표는 대단히 정확하다. 암컷을 찾아 짝짓기를 할 수 있는 시간이 아주 짧다는 걸 이 총각들은 잘 알고 있다.

이제 해 뜨기 30분 전이다. 분위기는 한껏 무르익어서, 이 시점에서 '스피드데이트'는 상당히 절제된 표현이다. 대부분의 짝짓기는 2~3초밖에 걸리지 않는데, 이 영역에서는 난쟁이햄스터가 좀 더 배포 있게 시간을 쓰는 편이다. 막 임신한 암컷들은 재빠르게 수면 위로 날아가 알 90여 개를 물 위로 넓게 뿌린다. 이 모든 일이 끝나면 마침내 강물이 성충으로서의 전 생애 5분을 보낸 암컷들을 낚아채고, 그 쇠진하여 죽어가는 몸을 조용한 강가로 옮겨 놓는다. 그렇게 강가에는 수천이나 되는 암컷 돌라니아의 시체가 쌓인다. 수컷들은 뒤늦게 등장하는 또 다른 암컷을 찾아 순찰을 계속하다가, 얼마 후에 결국 힘이 다하여 강물에 떨어진다. 하루살이 돌라니아 아메리카나는 사실 하루도 아니고 일출조차 경험하지 못한다.

하루살이의 삶은 인간이 보기에 지나치게 짧고 쓸데없이 극적이지만, 자연은 이런 분류와 평가를 전혀 신경 쓰지 않는다. '선'과 '악', 혹은 '슬픔'이나 '잔인함' 같은 범주는 자연에 존재하지 않는다. 자연의 모든 것은 도덕적 가치에 대한 평가 없이, 그때그때 주어지는 과제를 최대한 효율적으로 완수하는 데 맞추어져 있으며, 덕분에 생태적 균형은 원활하게 유지된다.

얼핏 덧없는 삶을 사는 것처럼 보이는 하루살이는 다른 많은 생명체에게 중요한 식량원이 된다. 물고기는 수면에 떠다니는 죽은 하루살이를 먹고, 잠자리를 비롯해 날아다니는 곤충들은 짝짓기를 위해 돌아다니는 성충을 사냥한다. 강바닥에 사는 하루살이 유충들은 민물 생태 공동체의 아주 중요한 구성원이다. 유충들은 강바닥에 있는 죽은 식물들을 활용해 생활한다. 말하자면 청소부대의 일원이라고 할 수 있다. 반면 성충 하루살이는 아무것도 먹지 않는다. 어린 시절에 생긴 소화 시스템이 더는 작동하지 않고, 입도 퇴화하기 때문이다.

대부분의 사람들은 곤충의 수명이 매우 짧다고 생각한다. 사실 하루살이는 단명하는 많은 생물 중 하나일 뿐이다. 개미는 보통 3주 정도면 늙고, 우리가 흔히 보는 집파리와 그 밖의 흔한 파리들도 성충으로는 15일에서 30일밖에 살지 못한다. 그러나 모든 곤충의 생애가 이렇게 짧은 건 아니다. 또한 우리가 숲에서 흔히 마주치는, 특히 바닥을 기어 다니는 벌레들은 이미 수 년에 걸친 역사를 보유하고 있다. 나는 꿈틀거리고 기어 다니는 거주민으로 가득 찬 테라리움을 여럿 갖고 있는데, 내가 키우는 아프리카 자이언트 노래기 Archispirostreptus gigas 는 약 10년을 산다. 그러니까 수명에서는 헤르미네를 훨씬 넘어선다.

다른 동물들도 수명 면에서 과소평가 당하기 십상이다. 유럽 어디서나 볼 수 있는 토착 달팽이인 에스카르고 Helix pomatia 도 그중 하나다. 사람들은 이 작은 동물의 생애가 수십 년에 걸친 자신의 인생에 비하면 미세한 점에 불과하다고 생각하며 은근히 무시하는 경향이 있다. 하지만 이는 엄청난 착각이다. 새나 고슴도치에게 잡아먹히지 않는다면 에스카르고는 자연에서 약 8년을 살고, 갇힌 공간에서는 20년까지 사는 일도 드문 일이 아니다. 지금껏 알려진 가장 오래 산 에스카르고는 39세였다. 그의 달팽이집에는 39년의 역사가 담겨 있던 것이다. 그러니 숲이나 집으로 가는 길에 혹시라도 달팽이를 만나게 된다면 친절하게 인사하고, 필요하다면 길 위에서도 그 달팽이를 도와라. 어쩌면 그 달팽이는 당신보다 나이가 많을 수도 있다.

장수하는 바닷속 생물들

인간의 관점에서 극단적으로 짧은 기대수명을 살펴보다 보니 자연스럽게 반대편 극단에 흥미를 느끼게 된다. 이제 기대수명이 가장 길다고 알려진 동물과 식물 세계를 탐사해 보자.

만약 정말정말 오래 산 할머니와 할아버지를 찾고 싶으면 잠수 장비를 착용해야 한다. 오래 사는 동물은 보통 바다에 있기 때문이다. 이 분야의 최고 기록 보유자는 해면인데, 우리는 해면이 식물이 아니라 동물이라는 사실을 종종 잊어버린다. 만약 샤워할 때 천연 스펀지를 사용한다면 짐승의 사체로 몸을 문지르고 있음을 늘 생각할 필요가 있다.

해면동물에는 다양한 종이 있지만, 대부분은 염분이 있는 서식지를 좋아하므로 주로 바다에서 산다. 크기도 매우 다양한데 어떤 종은 아주 작아서 고작 수 밀리미터에 불과하며, 또 다른 종은 높이만 2~3미터에 달해 위풍당당한 풍채를 자랑한다. 이렇게 거대한 해면동물로는 독일 바이에른주의 슈타펠 호수에 사는 스폰질라 라쿠스트리스 Spongilla lacustris 가 대표적이다.

해면은 흥미진진한 동물이다. 신체 구조가 우리가 흔히 생각하고 눈으로 보는 동물의 모습과 많이 다르기 때문이다. 우리는 동물이라고 하면 보통 머리와 몸, 팔다리가 구분되어 있으며 스스로 움직일 수 있는 생물을 연상한다. 그러나 해면은 모든 것이 다르다. 해면은 사냥을 하지 않고 먹이를 찾아 헤엄치거나 돌아다니지도 않는다. 대신 해면은 '고착 sessile'생활을 한다. 해면동물은 특정 위치에 자리 잡은 후 바닥에 고정된 채 그 자리를 평생 떠나지 않는다. 영양 섭취를 위해 해면동물은 몸에 있는 무수히 많은 미세구멍으로 물을 빨아들이고, 이 과정에서 물속에 떠다니는 먹이들이 편리하게 배달된다.

해면동물을 학술용어로 '포리페라 Porifera'라고 부르는데, '구멍'을 의미하는 라틴어 명사 포루스 porus와 운반하다, '짐을 지다'라는 의미를 지닌 라틴어 명사 페레 ferre를 합성해 만든 단어다. 번역하자면 '구멍을 지닌 자'라는 뜻으로, 이 이름만 들어도 해면의 가장 두드러지는 특징을 알 수 있다. 바로 무수한 구멍으로 덮여 있다는 사실 말이다. 이 구멍을 통해 먹이와 산소가 풍부한 물이 들어오고 이산화탄소를 비롯한 부산물이 배출된다. 말하자면 해면동물은 물을 거르는 필터처럼 대사 활동을 하고, 이 과정에서 몸의 구멍이 반드시 필요하다.

우리 인간이 보기에 해면의 몸은 정말 볼품이 없다. 해면의 몸 또한 철저히 분화된 세포들로 구성되지만 다른 동물이 지니고 있는 전형적인 세포, 즉 근육세포나 신경세포, 감각세포는 없다. 심지어 해면동물의 일부를 잘라내도 남아 있는 몸은 계속 생명을 유지한다. 다만 부드럽고 유연한 몸이라도 그 아래에 뼈는 존재한다. 이 뼈는 전체 몸을 지탱해서 해면이 물속에서 흐물거리는 덩어리로 보이지 않게 해준다.

　해면동물은 형태에 따라 크게 세 가지로 구분하는데, 그중 가장 간단하고 원시적인 형태를 아스콘형 ascon type 이라고 한다. 아스콘형 해면동물에는 미세한 구멍이 있어서 이 소공을 통해 물이 해면동물 내부의 위강으로 들어온다. 그러면 위강에 있는 깃세포들이 편모를 이용해 소용돌이를 일으켜 물이 흘러가게 만든다. 해면동물이 이 물에서 양분을 저장하고 나면, 물은 커다란 배수공을 통해 다시 밖으로 빠져나간다.

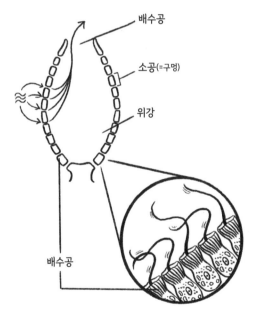

아스콘형 해면동물의 형태

해면동물의 구조와 외형만 특별한 게 아니다. 그들의 수명도 특별하다. 왜냐하면 해면동물 중에 엄청나게 오래 산 기록 보유자가 있기 때문이다. 지금까지 발견된 개체 가운데 가장 늙은 해면은 모노라피스 추니 Monorhaphis chuni 종으로, 남중국해에서 발견되었던 한 개체는 1만 1,000살이나 되었다.[28] 이 해면동물이 막 태어났을 때 우리 인간은 고작해야 이제 막 산발적으로 정주생활을 하고 야생 곡물을 수집하며, 농경 생활을 막 시작하려 하고 있었다는 뜻이다.

이 해면과 비교하면 아이슬란드에서 발견된 백합조개 Arctica islandica 밍은 10대 청소년이나 다름없다. 이 조개는 중국이 아직 명나라였던 1499년에 태어났고(여기서 그 이름이 유래했다),[29] 507세가 되던 2006년에 아이슬란드 해변에서 채집되었다. 연구자들은 밍을 연구하기 위해 통째로 얼렸고, 그 때문에 죽었다. 이 문제에 관해서는 모든 조개를 대신하여, 조금도 고맙지 않음을 전하는 바이다.

2013년에는 독일 연구팀이 밍과 나이가 같은 개체를 발견했고, 이 두 개가 지금까지 발견된 가장 나이 많은 개체지만, 연구자들은 백합조개가 수천 년을 살 수 있다고 추측

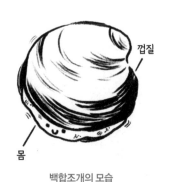

껍질

몸

백합조개의 모습

하고 있다.

백합조개처럼 작은 동물 외에 커다란 동물 중에도 놀라울 정도로 오래 사는 동물이 있다. 특히 8미터까지 자라는 그린란드상어 Somniosus microcephalus 의 수명도 인상적이다. 그린란드상어는 수명에 관한 한 척추동물의 선두주자라 할 수 있다. 이 동물은 수백 년이나 살 수 있는데, 생식능력을 갖추기까지 상당히 오래 걸린다. 이 말이 당연하게 들릴지 모르겠지만, 암컷은 성체가 된 다음에야 임신이 가능하다. 그런데 그린란드상어가 성체가 되기까지는 무려 150년이 넘게 걸린다.

이 연골어류는 추운 곳에서 가장 편안함을 느끼고, 특히 북대서양의 북극해를 좋아한다. 사실 우리는 바다에 그린란드상어가 몇 마리나 있는지 정확히 모른다. 다만 안전을 위해 이 동물을 '준위협' 단계에 올려놓았는데, 끊임없이 고기잡이 그물에 함께 잡혀 올라오기 때문이다. 그린란드상어의 또 다른 특징

그린란드상어

은 서식환경이다. 이 상어는 먹이를 찾아 2,000미터 이상 잠수할 수 있다. 엄청난 수압을 견딜 수 있다는 뜻이다.

엄청나게 오래 사는 버섯들

지금까지 동물의 세계만을 위주로 살펴보았지만 장수하는 생명체가 동물의 세계에만 있는 건 아니다. 식물과 균의 왕국으로 눈을 돌려 보면, 역시 대단히 흥미로운 생명체들을 만날 수 있다.

예전에는 균을 식물로 여겼고, 지금도 대부분의 사람은 여전히 균계 생물을 식물이라고 생각한다. 그러나 균계 생물은 식물보다 동물에 가깝다. 최근의 연구에 따르면 균계 생물은 심지어 식물보다 먼저 지상에 정착했고, 그들 덕분에 식물이 물속에서 나와 육지로 올라올 수 있었다고 한다. 얼마 전에 오우라스파이라 기랄데Ourasphaira giraldae 라는 균류의 화석이 발견되었는데,[30] 연구자들은 이 생물이 약 10억 년 전에 생겨났다고 추정한다. 그러니 개체의 수명과 관련해서도 균류 생물은 여기서 언급될 가치가 충분하다.

내게 강렬한 인상을 남긴 균류 생물은 뽕나무버섯이다. 뽕나무버섯은 '꿀버섯'이라는 이름으로도 잘 알려져 있고, 주로 식

뽕나무버섯

용으로 채집된다. 뽕나무버섯은 나무를 즐겨 먹기 때문에 이 버섯이 넓게 퍼지면 숲은 큰 해를 입을 수 있다. 미국 오리건주에 있는 멀루어 Malheur 국유림은 수년 간 나무가 점점 말라 죽는 문제로 골머리를 앓았다. 처음에 연구자들은 나무가 그렇게 많이 죽는 이유를 전혀 설명하지 못했다. 그러다 멀루어 국유림에서 꿀버섯의 일종인 조개뽕나무버섯 Armillaria ostoyae 의 거대한 균사체를 발견했는데, 그 균사체는 축구장 1,200개를 합친 것보다 큰 900헥타르에 걸쳐 광활하게 펼쳐져 있었다.[31] 이 버섯의 나이는 약 2,400살이었고, 여전히 왕성한 청소년기의 모습을 보였다. 그만큼 상태가 좋았던 것이다. 이 버섯의 무게는 600톤이었다. 군집이 아니라 단 '하나'의 균류 개체가 그렇다는 말이다.

우리가 숲에서 채집하는 버섯은 사실 개체가 아니다. 우리는 버섯의 생식기관인 자실체子實體, fruit body 만을 잘라 온다. 이 정보가 충격적일지도 모르겠다. 버섯을 사용한 요리를 한 번이라도 먹어 본 적이 있다면, 이때 당신이 먹은 것은……. 어쨌든 버섯의 진짜 몸체는 자실체보다 조금 아래에, 땅속에 숨어 있다. 땅속에서 버섯은 흔들림 없이 영역을 확장해 간다. 이 말이 생소하게 느껴질지도 모르겠지만 버섯은 '움직인다.' 그것도 언제나 먹을거리가 있는 방향으로 말이다. 버섯은 땅속에 전체 숲을 관통하는 정보망을 만든다. 이 정보망은 숲의 고속도로라고도 할 수 있는데, 대단히 다양한 물질과 정보들이 균사체를 통해 옮겨가기 때문이다. 이 물질과 정보는 수천 년에 걸쳐 수천 미터를 이동한다. 버섯은 심지어 시체를 만나도 꺼리며 뒷걸음치지 않는다. 그들은 식탁에 올라오는, 때로는 밤과 안개를 틈타 땅에 묻히기도 하는 모든 것들을 먹어치운다.

버섯은 단지 식용이냐 독이 있느냐의 문제를 넘어서는 생물이며, 가을에만 반짝 나타나는 생물도 아니다. 버섯은 고요하게 숲을 관리하는 대단히 인상적인 생명체다. 앞에서 예를 든 뽕나무버섯의 사례를 보면 버섯이 숲을 위험하게 만드는 것처럼 보이지만, 실제는 그렇지 않다. 버섯은 대체로 숲에 대단히 유용하고 나무에게는 아주 좋은 친구가 된다.

예를 들면 균근micorriza 이 그러하다. 우리가 먹는 버섯, 즉 자실체는 균사hypha 로 구성된다. 균사는 가늘고 여러 가닥으로

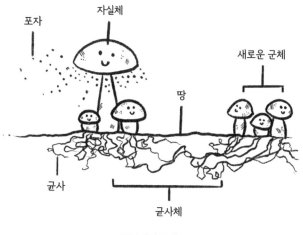

갈라진 실처럼 생겼다. 숲에 가보았거나, 버섯 요리를 먹어 본 적이 있다면 틀림없이 균사를 본 적이 있을 것이다. 어떤 균사는 나무의 뿌리와 결합해 하나의 공생 공동체를 형성하는데, 이 공생 공동체를 '균근'[32]이라고 부른다. 균근은 서로의 생존에 도움을 준다. 여기서도 생존의 규칙이 적용된다. 협력은 수명을 연장해 주므로, 자기만 아는 이기주의자는 결국 생존경쟁에서 도태된다.

예를 들면 독일 남서부에 있는 숲 슈바르츠발트의 토양은 너무 산성화되어서 마그네슘을 비롯해 나무의 생존에 필요한 핵심 물질이 거의 남아 있지 않다. 이런 토양에서 자라는 나무라면 온갖 결핍증에 시달려야 마땅하다. 하지만 슈바르츠발트의 나무들은 어떤 결핍 증세도 보이지 않는다. 실로 기이한 상황이다. 이 현상의 원인을 찾으려면 숲이 아니라 그 아래를 보아야 한다. 숲의 지표면 아래, 즉 땅속 말이다. 나무들이 결핍에 시달리지 않는 이유는 균근과 함께 공생하고 있기 때문이다. 나무의 뿌리는 균류의 균사와 결합되어 있고, 균류는 함께 사는 나무 친구를 위해 돌을 쪼개고 분해한다(그렇다, 버섯은 돌을 '먹을 수 있다'). 균류는 이렇게 분해된 영양소를 나무 친구에게 전해 주고, 그 보상으로 나무로부터 당을 받는다. 이런 공생은 평생, 지속할 수만 있다면 엄청나게 오랫동안 계속된다. 왜냐하면 균류는 치명적으로 손상되지 않는 한, 그리고 늘 새로운 먹이를 찾을 수만 있다면 잠재적으로 죽지 않기 때문이다. 그러니 혹시라도 다음에 버섯 오믈렛을 먹을 때는 약간의 겸손함을 보여 주었으면 좋겠다.

만년을 사는 나무들

한편 버섯과 공생하는 친구인 나무 중에도 매우 오래 사는 종이 있다. 만약 정말 오래된 나무들을 만나고 싶다면, 캘리포니아주에 있는 인요 Inyo 국유림에 가보자. 이 숲에는 수천 년 된 강털소나무 Pinus longaeva 들이 살고 있다. 이 나무들이 완전히 덮고 있는 이 지역을 므두셀라의 작은 숲Methuselah Grove이라고 부르는데, 성경에 나오는 가장 장수한 인물의 이름을 따서 지은 것이다. 그곳에 있는 나무들은 4,000살이 넘고, 가장 오래된 나무는 5,000년을 넘게 살았다.

조금 곁다리로 빠지는 것 같기는 하지만 이와 관련된 일화 하나 살펴보고 넘어가자. 이 숲에서 가장 오래된 나무를 발견했던 과학자 톰 할런Tom Harlan은 이 최고령 나무의 위치를 비밀에 부쳤다. 탐욕스러운 수집가나 열정이 넘치는 과학자들이 나무를 해치지 않도록 하기 위해서였다. 그런데 2013년, 할런은 가장 오래된 소나무의 위치를 누구에게도 알려 주지 않은 채 세상을 떠났다. 우리에게는 좋지 않은 일이었지만, 아마 그 최고령 소나무에게는 분명히 좋은 일이었을 것이다. 이런 연유로 할런이 발견했다는 소나무의 나이를 검증할 수 없어서 세계에서 가장 오래된 나무라는 칭호는 다른 소나무에게 갔다. 물론 이 소나무도 5,000살은 넘었다.

현재 세계에서 가장 오래된 복제 나무clonal tree 개체는 스웨덴에 있다. 스웨덴에 가면 9,550살이 된 독일가문비나무Picea abies 올드 치코old Tjikko가 있다. 눈에 보이는 줄기는 아직 어려 수백 살밖에 되지 않았지만, 이 복제 줄기의 싹을 틔운 뿌리는 이미 9,000살이 넘었다. 이렇게 같은 뿌리에서 나온 복제 나무로 구성된 가장 오래된 숲은 미국 유타주에 있는 판도Pando 숲이다.

이 숲은 하나의 뿌리로 연결된, 유전적으로 동일한 나무로만 이루어져 있으며, 이 뿌리의 나이는 8,000살이 넘었다.

한편 강털소나무는 대단히 흥미로운 나무다. 여느 침엽수처럼 강털소나무는 늘 녹색을 띠는 상록수이며 높이는 20미터, 지름은 3.5미터까지 자라는데, 이는 난쟁이햄스터 약 186마리에 해당하는 크기다. 일반적으로 수목한계선 근처에서 자라는 나무들은 몸통이 비틀리고 비교적 작은데다 굽어서 자라는 경우가 많다. 하지만 강털소나무는 수목한계선에서도 상대적으로 곧게 자란다. '수목한계선'이란 너무 추워서 나무가 더는 자라지 못하는 고도를 뜻한다. 예를 들어 스위스 알프스의 수목한계선은 고도 2,000미터이고, 히말라야 산악 지역에서는

4,400미터이지만, 추운 러시아 우랄 지역의 수목한계선은 400미터밖에 되지 않는다. 이처럼 수목한계선은 기후의 영향을 크게 받는다.

독일의 수목한계선에는 남극너도밤나무 Nothofagus antarctica, 유럽 낙엽송, 마가목, 소나무가 주로 나타난다. 이런 환경에서 살아남으려면 상당

히 끈질긴 생존력이 필요하기 때문이다. 강털소나무 역시 둘째 가라면 서러운 생존력을 지니고 있다. 산악 지대에서 자라며 강한 바람과 건조한 기후에 자주 노출되면, 강털소나무는 언젠가부터 높이 성장을 멈추고 넓이만 키워 간다. 이런 나무들은 수관에 작은 바늘잎 뭉치 하나만 달려 있는 경우가 많은데, 여기에서 물과 영양분을 공급받는다. 심지어 줄기의 대부분은 극심한 비바람에 노출되어 일찍 죽는다. 나무껍질이 나무를 다 덮지도 못하고 계속해서 벗겨지기 때문이다. 생태적으로 엄청나게 척박한 환경에서 살아남기가 결코 쉬운 일은 아니지만, 강털소나무는 대단히 검소한 방식으로 어떻게든 삶을 이어 나간다.

번식을 하려면 강털소나무는 어떤 식으로는 외부의 도움을 받아야 한다. 수목한계선에서는 강한 바람이 불어서 씨앗이 계속해서 굴러다니기 때문이다. 번식할 때 도움이 필요하다고 해서 강털소나무가 생명체가 아니라는 뜻은 아니다. '잠깐, 생물이라면 스스로 번식할 수 있어야 한다고 하지 않았나?' 맞다. 하지만 이렇게 생각해 보자. 사나운 날씨만 아니면 강털소나무도 이론적으로는 스스로 번식할 수 있다.

가족계획에 성공하기 위해 강털소나무는 깃털 달린 친구의 도움을 받는다. '클라크의 호두까기새'라는 이름으로 불리는 누키프라가 콜룸비아나 Nucifraga columbiana 는 소나무 씨를 모아서 그중 몇 개만 먹고 상당한 양을 겨울에 대비하여 땅에 묻어 둔다. 바람과 악천후로부터 보호받은 이 씨앗 가운데 몇 개가 겨울이 지나고 '생장시기', 즉 1년 중 식물이 성장하는 때가 오면 싹을 틔우고 새로운 아기 강털소나무가 된다.

짹짹

제3장

노화와 죽음을 극복할 수 있을까

노화를 늦추는 방법을
아는 동물들

본격적으로 죽음이라는 주제로 들어가기 전에, 노화와 죽음을 극복할 수 있는지 그 가능성을 한 번 살펴보는 것이 좋을 것 같다. 비록 우리 인간은 둘 중 어느것도 제대로 극복하지 못했지만, 이 지구를 우리와 함께 사용하고 있는 다른 동물 중에는 이 엄청난 일을 실제로 해낸 친구들이 있기 때문이다.

나는 〈스타트렉〉의 열광적 팬이다. 2001년부터 2005년까지 방영된 〈스타트렉: 엔터프라이즈〉가 종영한 후, 2017년부터는 새 시리즈 〈스타트렉: 디스커버리〉가 방영되고 있다. 늘 그렇듯이 이 시리즈에서도 우주선과 선원들의 이야기가 중심이다. 이 새로운 시리즈에 등장하는 우주선은 USS 디스커버리호인데, 이 함정은 비밀리에 생물을 이용한 동력을 실험하고, 선원들은 이 동력을 '포자 동력'이라고 부른다. 이 동력 장치는 균사체 네트워크를 이용해 수십 광년이나 떨어진 공간 사이를 순식간에 이동하게 해준다. 실제로 균사체 네트워크가 숲에서 일종의 정보통신망으로 기능한다는 점을 고려하면 그렇게 터무니없는 상상은 아닌 셈이다. 어쨌든 USS 디스커버리호는 항해 도중 이제까지 본 적 없는 거대하고 신비로운 생명체를 발견한다. 실제로는 존재하지 않는 이 가상의 생물은 균사체망의 버섯 포자와 공생하고, 그 덕분에 우주에서 정확한 위치로 이동할 수 있다. 시리즈 내용을 스포일러할 생각은 전혀 없지만, 〈스타트렉: 디스커버리〉에서는 이 생명체를 완보동물tradigrade 이라 부른다. 이 완보동물문에 속하는 동물을 곰벌레 또는 물곰이라고 부른다. 이들은 우리 인간이 따라할 수 없는 방법으로 노화를 늦추면서 개체의 평균 수명보다 훨씬 더 오래 살 수 있는 방법을 알고 있다.

휴면생활로 생명을 연장하는 곰벌레

곰벌레는 길고 통통한 몸에 귀여운 다리를 가졌다. 무척 굼뜨게 움직여서 그 움직임이 곰을 떠올리게 한다는 이유로 곰벌레라는 이름이 붙었다.
곰벌레의 특별한 점은 죽
이기가 엄청나게 어렵다는
것이다. 주위 환경에 대한
저항력이 대단히 뛰어나
기 때문인데, 이 사실이 연
구자들의 호기심을 자극했

다. 어쩌면 이런 곰벌레에서 우리 인간의 유전자에 도움이 되는
요소를 찾을 수 있지 않을까?

〈스타트렉〉에 등장하는 거대한 우주 완보동물과 달리 실
제 곰벌레는 아주 작다. 지금까지 1,000여 종이 발견되었으며
크기는 보통 0.1~0.2밀리미터에 불과하고, 이끼, 바다, 민물 지
대에 주로 서식한다. 쉽게 말해 습기가 충분한 곳이라면 어디에
나 곰벌레가 있다.

곰벌레의 적응력은 상상을 초월한다. 곰벌레는 극한의 온
도도 견디며, 산성, 양잿물, 방사능, 우주의 진공 상태에서도 끄
떡없다. 이들은 식물 세포도 맛있게 먹을 줄 알고, 선충이나 아
주 미세한 크기의 동물을 사냥해 먹기도 한다. 식성이 전혀 까
다롭지 않아 상황에 따라 무엇이든 먹을 준비가 되어 있다.

곰벌레는 사랑 문제에도 개방적이다. 실용적이고 유전적
인 이유에서, 곰벌레 숙녀는 부드러운 이끼 위에서 곰벌레 신사와 함께 즐거움을 나누는 낭만 넘치는 데이트를 선호한다. 그러나 오늘날 대도시에 사는 30세 이상 싱글 여성이 그러듯이, 적절한 파트너를 찾지 못한 암컷 곰벌레는 스스로 사랑의 결과를 만들어 낸다. 무슨 말이냐 하면 처녀생식, 즉 '단성생식'을 한다는 뜻이다. 21세기를 기준으로 이 말은 '이끼 뒤에 숨어 있는 조신한 암컷 곰벌레'가 아니라 '여성은 자립적이다!'라는 의미다. 암컷 곰벌레들은 매우 실용적이어서, 수정되지 않은 난자를 품고 혼자 가족계획을 수립하고 실행할 수 있다.

무엇보다도 이 동물을 특별히 끈질기고 강하게 만드는 건 휴면생활Cryptobiosis을 하는 능력이다. 휴면생활이란 살아 있는 유기체가 모든 신진대사를 거의 정지에 가까운 상태로 유지하는 것을 말한다. 오래 사는 데 관심이 있다면 여기서 '오!'하고 감탄사를 외칠지도 모르겠다. 그렇다. 휴면 단계에서는 노화도 어느 정도 중단된다.

우리 또한 이런 휴면 상태를 꿈꾼다. 사람을 냉동했다가 다시 해동하는 SF 영화는 이미 많다. 지금의 기술로는 치유할 수 없는 질병에 걸린 환자를 급속 냉각시켰다가 치료제가 발견되었을 때 다시 해동할 수 있다면 얼마나 실용적이겠는가? 하지만 아쉽게도 오늘날의 기술로는 소위 '냉동인간'을 다시 깨울 수 없다. 또한 냉동인간은 가능하지 않으리라는 정당한 의심이 있는데, 세포들이 냉동 과정에서 돌이킬 수 없을 정도로 극심한 손상을 입기 때문이다.

다시 곰벌레 이야기로 돌아가자. 휴면 상태에 들어가면 곰벌레의 신체 기능은 거의 정지되어 살아 있다는 신호가 전혀 측정되지 않는다. 그러나 이 작은 악당은 정말 죽은 것이 아니라 죽은 척할 뿐이다. 이들은 주변 환경이 좋아져 다시 활동할 수 있을 때까지 아주 약한 불꽃만을 유지하는 상태로 들어간다.

극단적인 환경에서 곰벌레가 어떻게 반응하는지 사례를 살펴보자. 앞에서 언급했듯이 곰벌레는 습기가 많은 곳, 즉 물이 있는 곳에 산다. 그러나 아주 건조한 곳에서 생존할 수 있는 종도 있다. 이런 곰벌레는 호수가 고갈되어 물이 사라지면, 몸의 수분을 거의 제거한 후 '공 모양'으로 몸을 웅크린다. 곰벌레는 이 간결한 형태로 환경이 좋아질 때까지 1년, 심지어는 10년도 기다릴 수 있다. 그동안 곰벌레는 거의 늙지 않으며, 믿기 어렵지만 2년 정도 되는 평균 기대수명을 계속 연장할 수 있다! 그리고 환경이 좋아져 물기가 돌아오면 몸 안에 물을 잔뜩 빨아들이고 아무 일 없었다는 듯이 다시 주변을 천천히 걷고 수영한다.

곰벌레는 이런 휴면 상태를 이용해 건조 상태뿐만 아니라 엄청나게 극한 다른 환경도 견딜 수 있다. 종에 따라 조금씩 다르지만(환경에 보다 유연하게 대처하는 곰벌레종과 덜 그 정도가 덜한 곰벌레종이 있다), 곰벌레는 섭씨 150도에서 270도까지도 견뎌낸다.

어떤 곰벌레종은 공 모양의 휴면 상태를 거의 활용하지 않는다. 극한 환경에서도 활동을 유지하고자 하기 때문이다. 이들의 해답은 변환이다. 이런 곰벌레는 환경에 따라 스스로 몸의 형태를 바꾼다. 이 변환은 종종 계절의 변화를 따라가므로 '형태순환cyclomorphosis'이라고 부른다. 예를 들어 어떤 곰벌레종은 겨울이 닥쳐도 공 모양을 만들지 않은 채 영하에 가까운 기온을 참아 낸다. 다만 번식은 하지 못한다. 이 작은 녀석들은 여름에만 번식을 할 수 있는데, 대신 여름에는 겨울만큼 저항력이 강하지 않다.

연구자들이 곰벌레에 큰 흥미를 갖는 이유는 곰벌레가 가진 특별한 DNA 때문이다. 바로 여기에 그토록 강력한 저항력의 비밀이 숨어 있다. 앞에서 한 번 언급한 내용이지만, DNA는 세포의 분열을 조정하면서 '세포'라는 이름의 상점을 운영한다. 유전물질이 방사능에 노출되면 유전자는 훼손된다. 당연하지만 방사능 농도가 높을수록 훼손도 더욱 심해진다. 방사선량이 5~6그레이Gray가 되면 우리 인간은 이미 생명의 위협을 받는다.

방사선량이 많으면 DNA 가닥도 끊어질 수 있다. DNA는 두 개의 가닥으로 구성되고, 이 가닥은 당인산 골격과 질소염기 쌍으로 구성되어 있다. 질소염기에는 아데닌Adenin, 티민Thymin, 구아닌Guanin, 사이토신Cytosin이 있으며, 언제나 아데닌과 티민,

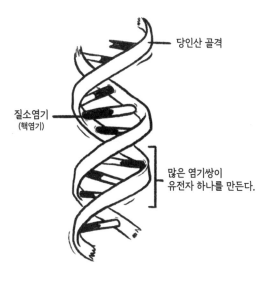

당인산 골격

질소염기
(핵염기)

많은 염기쌍이
유전자 하나를 만든다.

DNA의 이중나선구조

구아닌과 사이토신이 쌍을 이룬다. 이 염기들은 서로 수소 결합을 하는데, RNA(리보핵산. RNA는 DNA와 비슷하게 작동하며, 이 또한 유전물질이다)에서는 티민이 우라실 Uracil 로 대체된다.

DNA의 전체 구조는 두 가닥이 서로 꼬여 있는 이중나선 구조다. 그림에서 볼 수 있듯이, 그 모습은 마치 밧줄 사다리처럼 보인다. 만약 이 밧줄 사다리 위에 방사선이 떨어지면 이 연결은 끊어질 것이다. DNA를 읽고 세포분열이나 단백질 합성 등을 하려던 단백질은 유전물질을 잘못 읽거나 전혀 읽지 못할 수도 있다. 연결이 끊어진 고리에 도착한 단백질은 아무 일도 할 수 없다. 마치 고장 난 지퍼에 걸린 것 같다. 세포는 더는 분열하지 못하고, 온갖 암울한 일들이 발생한다. 카오스가 열리는 것이다.

공 모양의 휴면 상태는 곰벌레를 치명적인 방사선으로부터 보호해 준다. 심지어 정상적으로 활동하는 상태에서도 방사선 저항력이 대단히 강한 곰벌레종이 있다. 인간은 여기에 갖다 댈 수도 없는데, 어떤 곰벌레종은 5,600그레이나 되는 방사선도 견디기 때문이다. 앞에서 말했듯 5~6그레이면 인간은 이미 황천길에 들어선다. 또한 2020년 10월에는 엄청난 자외선에 대항하여 청색 빛으로 자신을 보호하는 새로운 곰벌레종이 발견되었다.[33] 이 곰벌레종은 저항력도 엄청나지만, 외형 또한 대단히 근사하다. 질투심이 피어오르는 걸 숨기기가 힘들 정도다.

이런 강력함의 이유를 찾기 위해, 그리고 우리가 이들에게서 어떤 것들을 모방할 수 있는지 알기 위해 연구자들은 완보동물의 DNA를 면밀히 연구했다. 앞에서 언급했듯이 DNA가 방사선에 노출되면 노화 과정에 악영향을 준다. 만약 곰벌레의 DNA를 연구해서 우리를 방사선으로부터 보호할 수 있는 방법을 찾는다면 멋진 일일 것이다.

실제로 완보동물의 DNA에서 몇 가지 특이점이 발견되었다. 예를 들면 곰벌레만 가진 특별한 유전자들이 있는데, 특히 손상 억제 단백질Damage Suppressor Protein[34]이 매우 인상적이다. 간단히 줄여 'D-Sup-Pro'라고 부르기도 하는 이 단백질은 우리가 아는 한 다른 동물에게는 존재하지 않는다. 그런데 다른 동물들은 방사선을 잘 견디지 못하므로, 연구자들은 '유레카! 이 단백질이 방사선 방어와 무슨 연관이 있겠구나!'라고 생각했다.

이 단백질이 실제로 어떤 역할을 하는지 알아보기 위해 연구자들은 이 특별한 단백질을 추가한 인간 세포를 배양한 뒤, 이 세포를 방사선에 노출시켜 보았다. 그러자 놀라운 일이 벌어졌다. 곰벌레의 손상 억제 단백질이 들어 있는 세포가 방사선에 노출되었을 때 끊어진 DNA 이중나선의 수는 평범한 인간 세포에 비해 절반에 불과했다. 보통의 인간 세포는 방사선에 노출되면 늦어도 나흘 후에는 죽었다. 더는 세포분열을 하지 못하고 제대로 기능하지도 못했기 때문이다. 그러나 완보동물의 손상 억제 단백질이 들어 있는 인간 세포는 계속해서 증식했고, 아무 일도 없었다는 듯 정상적인 세포 활동을 완수했다.

만약 조금 더 과학적인 호기심을 가지고 있다면 이렇게 질문할지도 모르겠다. '손상 억제 단백질이 방사선으로부터 세포를 보호해 주는군. 정말 굉장해! 그런데 그 단백질이 대체 어떻게 세포를 보호하는 거지?' 연구자들 역시 당연히 이 질문을 던졌다. 처음에 연구자들은 손상 억제 단백질이 손상을 빠르게 수리하는 것이 아닐까 추측했다. 이 추측에 따르면 방사선에 노출된 직후에는 DNA의 이중가닥이 많이 끊어지겠지만, 그 이후로는 끊어진 이중가닥의 개수가 차차 줄어들어야 한다. 손상 억제 단백질이 고장 난 DNA를 수리할 것이기 때문이다. 이 추측을 확인하기 위해 연구자들은 방사선 노출 직후 DNA의 상태를 살펴보았다. 예상과 달리, 끊어진 이중가닥의 개수는 (손상 억제 단백질이 없는 DNA 실험과 비교할 때) 절반에 불과했다. 방사선에 노출되자마자 DNA를 그렇게 빨리 수리하는 건 불가능하다. 그러므로 손상 억제 단백질이 실제로 방어 효과를 내며, DNA 이중가닥이 끊어지는 것을 막아 준다는 사실이 입증된 것이다!

과학자들은 여기에서 멈추지 않았다. 연구자들은 과산화수소로 인한 손상에 이 단백질이 어떤 영향을 미치는지 알아보기로 했다. 과산화수소는 일상적으로 상처를 소독하기 위해 사용되지만, 그것도 적절한 농도를 사용할 때의 이야기다. 고농도의 과산화수소는 단백질에 치명적인 손상을 입힐 수 있다(그래서 과산화수소는 작은 상처에만 사용하는 것이 좋다). 연구자들은 먼저 아무런 조작도 가하지 않은 평범한 인간 세포를 과산화수소에 넣고 세포의 부식 작용을 관찰했다. 이 경우 3분의 2가 넘는 세포가 파괴되었다. 대조 실험에서는 손상 억제 단백질을 주입한 인간 세포를 사용했다. 결과는 놀라웠다. 손상 억제 단백질을 주입한 세포는 고작 18퍼센트의 세포만이 파괴되었다.

이 실험 결과만 보면 전망이 매우 밝아 보인다. 하지만 과학이라는 학문이 늘 그렇듯 모든 일이 쉽게 흘러가지만은 않는다. 먼저 이 실험 결과를 우리 체세포에 그대로 적용할 수 없다는 사실을 명심해야 한다. 페트리 접시에서 배양된 인간 세포는 우리 몸에 있는 건강한 세포와는 다르게 활동하기 때문이다. 페트리 접시에서는 종양 세포를 배양하기도 하므로, 성장 속도가 일반 세포보다 빠르고 성장 과정을 통제하기도 힘들다. 또한 페트리 접시 안에서는 세포의 신진대사도 일반 체세포와는 조금 다르다. 이런 한계는 존재하지만, 아직 이 연구의 전망은 밝으며 연구자들은 끊임없이 이 손상 억제 단백질을 연구하고 있다.

곰벌레 DNA의 특이한 점이 손상 억제 단백질에만 있는 건 아니다. 지구에 사는 대부분의 동물은 자기 DNA 안에 1퍼센트 미만의 외부 유전물질을 갖고 있다. 예를 들어 아이를 낳은 사람은 외부 유전물질을 가지고 있다. 모체와 태아 사이에는 태반장벽뿐만 아니라 낯선 분자들이 뇌에 들어오지 못하게 막아주는 혈액뇌장벽이 있는데도, 출산한 사람의 뇌 DNA를 조사하면 태아의 DNA가 발견된다. 어떻게 이런 일이 일어나는 걸까? 세상에는 우리가 아직 이해하지 못하는 일들이 여전히 많이 남아 있다. 과학자들은 곰벌레의 게놈(유전물질)에서도 외부 DNA를 발견했는데, 그 양이 완전히 달랐다. 무려 17퍼센트가 넘었던 것이다! 그때까지 연구자들은 이렇게 많은 외부 DNA가 유입될 경우 그 생물은 더 이상 생명을 유지할 수 없을 것이라고 확신하고 있었는데, 곰벌레는 거의 5분의 1이나 되는 외부 유전물질을 가지고서도 멀쩡히 살아 있었다. 그렇다면 이 많은 양의 외부 DNA와 곰벌레의 엄청난 저항력 사이에는 분명히 연관이 있을 것이다. 왜냐하면 발견된 외부 유전자의 대부분이 수백만 년 전부터 지구의 극단적인 환경 어디서나 생존해 왔던 박테리아와 유기체로부터 온 것으로 보이기 때문이다.

척박한 환경에서 장수하는 비결

벌거숭이두더지쥐Heterocephalus glaber라는 동물 역시 장수와 생존에 관해서는 엄청난 전문가다. 불량한 생각을 하는 사람은 이 동물을 보고 이빨 달린 페니스처럼 보인다고 말하기도 한다. 그러나 내가 보기에는 해변에서 휴가를 즐기려고 완전히 털을 밀어 버린 헤르미네처럼 보일 뿐이다.

보통은 이 동물의 특이한 생김새와 남다른 참을성 정도만 알고 있을 뿐, 이 동물이 실제로 어떻게 생활하는지, 장수와 관련해 어떤 유전적 이점을 가지고 있는지는 잘 모른다. 벌거숭이두더지쥐는 동아프리카 반사막 지대 지하에 거대하고 복잡한 굴을 파고 살며, 마치 곤충처럼 생활한다. 즉 벌거숭이두더지쥐는 지하에 왕국을 건설한다. 이 왕국 또는 군집은 300마리에 이르는 개체로 구성된다. 곤충의 군집과 마찬가지로 벌거숭이두더지쥐 집단의 업무도 대단히 정교하게 분업화되어 있으며, 각

각의 업무는 개별 개체들의 나이에 맞추어져 있다.

어린 벌거숭이두더지쥐들은 갓 태어난 형제들을 돌본다. 여왕은 중요한 통치 업무를 맡아야 하므로, 몇몇 과제를 다른 이들에게 위임해야 한다. 아기 돌봄 업무는 다른 평범한 벌거숭이두더지쥐들이 받는 첫 번째 과제이며, 나이가 들면 탁아방 밖에서 일을 찾는다. 이런 벌거숭이두더지쥐들은 우리로 치면 건설업에 종사하게 되는데, 주로 터널을 뚫고 왕국의 안정과 확장을 위해 일한다. 이때 그들의 거대한 앞니가 굴착기처럼 유용하게 쓰인다.

벌거숭이두더지쥐는 어느 정도 성장하면 병적에 이름을 올린다. 병사 벌거숭이두더지쥐들은 지하에서 파낸 흙을 위험한 바깥 세계에 가져다 버리고 군집을 위협하는 적들, 특히 주적인 붉은 부리뱀으로부터 동굴의 입구를 방어한다.

수컷 벌거숭이두더지쥐는 운이 좋으면 여왕을 알현해 섹스할 기회를 얻는다. 여왕은 이 지하 왕국에서 유일하게 임신할 수 있는 암컷이니까. 그래서 여왕은 때때로 아주 약간은… 주변을 경계할 필요가 있다. 여왕은 다른 벌거숭이두더지쥐보다 두드러지게 크고, 절대 긴장을 풀지 않는다. '긴장을 풀지 않는다'는 말은 '매우 공격적'이란 뜻이다. 여왕은 눈에 보이는 모두를 공격한다. 물론 여기서 '보인다'는 표현은 다소 과장이다. 벌거숭이두더지쥐는 사실상 눈이 거의 보이지 않기 때문이다. 아예 장님은 아니지만, 그 작고 단순한 눈으로 볼 수 있는 건 아주 적다. 그래도 굴 바깥에서는 그 정도면 충분하다. 사실 아무것도 볼 필요가 없기도 하다. 그들이 생활하는 굴속은 완전한 암흑 그 자체이기 때문이다.

유감스럽게도 여왕과의 데이트는 약간의 불편한 부작용을 낳는다. 여왕과 황홀한 사랑의 밤을 보낸 벌거숭이두더지쥐는 급격하게 늙어가기 때문이다.[35] 여기서도 다시 자연의 법칙이 드러난다. 번식을 끝내면 내리막길만 남는다는 사실 말이다. 그러나 인생은 단 한 번뿐이다. 현실적으로 생각해 보자. 얼마나 많은 사람이 여왕과 만날 기회를 가질 수 있을까? 그러므로 벌거숭이두더지쥐 관점에서 보자면 여왕과의 데이트는 그럴만한 가치가 있는 일이다.

한편으로 여왕은 극단적으로 스트레스에 시달리는 직무다. 여왕은 군집을 유지할 책임이 있기 때문이다. 여왕은 임신하면 한 번에 새끼를 스물다섯 마리까지 낳을 수 있다. 뱃속에

이 작은 악당을 품기 위해 임신 기간 동안 여왕의 몸은 사람이나 햄스터처럼 넓어지는 게 아니라 길어진다. 그렇지 않다면 좁은 지하 동굴에 몸이 낄 테니까! 임신한 벌거숭이두더지쥐 여왕은 마치 모든 승객이 질서정연하게 자리에 앉아 있는 버스처럼, 엄청나게 유연한 척추의 도움으로 동굴 속을 돌아다니며, 호르몬의 작용으로 마주치는 상대가 누구든 분노에 찬 공격을 한다. 우리끼리 하는 얘기지만, 사실 우리도 그런 날이 있지 않나?

해마다 약 60마리의 새끼를 낳던 여왕이 죽으면, 갑자기 다른 암컷들이 번식할 수 있는 상태로 변한다. 여왕이 있는 동안 다른 암컷들의 생식 능력은 어떻게 억제되는지, 여왕이 죽은 후에는 어떻게 다시 활성화되는지 그 메커니즘은 아직 아무도 알지 못한다. 그러나 일단 여왕이 죽고 다른 암컷들이 생식력을 가지면, 우리는 팝콘을 들어도 된다. '벌거숭이두더지쥐 시즌 2: 왕위 계승 전쟁'이 시작되기 때문이다. 암컷들은 이제 군집의 최고 지위를 놓고 싸우며, 이 싸움은 때로 처절하고 유혈이 낭자한 과정이 되기도 한다. 새로운 여왕이 권력을 쟁취하면 굴 안에 있는 다른 암컷들의 번식 능력은 다시 사라지고, 모든 것이 일상으로 되돌아간다.

여기까지만 보면 다른 군집 동물 혹은 곤충과 비슷하다고 생각할지도 모르겠다. 하지만 이 벌거숭이두더지쥐는 노화를 연구하는 연구자들 사이에서 많은 관심과 사랑을 받는다. 앞서 살펴본 완보동물처럼, 이들 역시 독특한 신체 기능을 이용해 수명을 연장하기 때문이다.

벌거숭이두더지쥐는 인간이라면 상상하기 어려운 척박한 환경에서도 생활할 수 있는 신체적인 특징이 있다. 산소가 턱없이 부족한 지하 동굴에서 살아남을 수 있도록 벌거숭이두더지쥐의 폐는 작지만 효율성이 뛰어나다. 벌거숭이두더지쥐의 헤모글로빈은 인간보다 효율성이 몇 배는 뛰어나 아주 작은 산소 조각과도 결합하여 신체에 산소를 계속해서 공급한다. 이들의 산소 소비량은 매우 적고, 대사율도 낮다. 벌거숭이두더지쥐의 대사 활동은 28도에서 가장 활발한데, 이때의 대사율은 4도에서 측정되는 일반적인 쥐의 대사율과 비슷하다. 굴속에 쌓이는 높은 이산화탄소 함유량도 벌거숭이두더지쥐에게는 문제가 되지 않는다. 벌거숭이두더지쥐의 뇌는 30분 동안 산소 공급이 없어도 그 이후 새로운 산소가 공급되면 아무런 장기 손상을 입지 않은 채 다시 회복될 수 있다.

어떻게 이런 일이 가능할까? 호흡하고 생각하고 살아가기 위해서 모든 유기체는 당, 보다 정확히 포도당이 필요하다. 만약 포도당 대사를 유지하는 데 필요한 산소가 충분하지 않으면, 벌거숭이두더지쥐는 포도당 대사를 과당 대사로 변환한다. 인간은 과당을 간과 신장 깊숙이 저장하기만 하고 쉽게 다른 당으로 변환하지 못하지만, 벌거숭이두더지쥐는 과당을 간과 신장

뿐만 아니라 다른 신체 기관에서도 얻을 수 있고, 그렇게 계속해서 뇌에 양분을 공급할 수 있다. 의사들은 이 변환 방법을 인간에게 응용하는 데 큰 흥미를 느낀다. 이게 무슨 의미인지 이해하기 어렵다면 간단하게 이렇게 생각해 보자. 인간의 당 대사를 비상시에 신속하게 포도당에서 과당으로 변환하는 방법을 찾는다면, 뇌졸중이나 심근경색에 걸린 사람이 산소 부족 때문에 장기적 손상을 당하는 일을 막을 수 있다.

벌거숭이두더지쥐는 30년 이상 살 수 있다. 비슷한 크기의 다른 동물과 비교하면 대단히 오래 사는 셈이다. 예를 들어 헤르미네가 속해 있는 난쟁이햄스터종과 그 유사종은 2~3년밖에 살지 못한다. 하지만 벌거숭이두더지쥐는 생리적 메커니즘, 신경 상태, 생화학적 특질을 거의 평생 같은 수준으로 유지한다. 연구자들은 갑상선 호르몬의 낮은 수준이 수명을 늘리는 데 역할을 한다고 추측한다. 유전적 요소 또한 중요한 역할을 하는데, 벌거숭이두더지쥐는 특별히 효율적인 유전자 수리 체계를 갖추고 있기 때문이다. 과학자들은 이 체계에도 관심이 크다.

앞에서 이미 언급했듯이, 고장 난 유전자는 우리 건강에 큰 문제이며 우리 수명에도 좋지 않은 영향을 준다. 그런데 벌거숭이두더지쥐는 비슷한 다른 종들보다 훨씬 오래 살면서도 신체 조직 안에 암세포가 전혀 발달하지 않는다. 이들의 피부에서 만들어지는 독특한 형태의 히알루론산hyaluronic acid이 암세포의 발달을 막기 때문이다. 이 물질의 분자 구조는 눈에 띄게 긴 사슬 모양을 하고 있는데, 벌거숭이두더지쥐의 결합 조직에 저장되며 암이 성장하는 데 필요한 신호를 막아 낸다. 또한 벌거숭이두더지쥐 세포 안에 있는 단백질은 다른 생물의 단백질보다 훨씬 안정적이며, 이 또한 암 예방에 큰 기여를 한다. 우리 인간도 이런 특징을 가질 수 있다면 얼마나 좋을까!

연구자들은 심지어 벌거숭이두더지쥐가 통증도 적게 느낄 것이라고 주장한다. 통증 전달에 필수적인 특정 뉴로펩티드가 부족하기 때문이다. 물론 벌거숭이두더지쥐도 높은 온도와 산성을 느끼기는 하지만, 인간과는 달리 이 정보를 통증으로 처리하지 않는다. 여기까지 읽으면 이런 생각을 할지도 모르겠다. '이 정도면 거의 슈퍼히어로잖아!' 지금까지 살펴본 특징만 봐도 틀린 표현은 아니다. 적어도 내게 이들은 지구상에 존재하는 진짜 슈퍼히어로다.

불사의 비밀을 아는 해파리

곰벌레와 벌거숭이두더지쥐의 사례가 극단적이기는 하지만, 점차 늘어나는 기대수명을 생각하면 우리 인간도 조금씩 노화를 극복해 가고 있는 셈이다. 그러니 어떤 동물이 종의 평균 수명보다 느리게 늙어 간다는 사실이 그렇게 인상적으로 보이지 않을 수도 있다. 오래 산다고 해도 인간보다 더 오래 사는 것은 아니니까 말이다. 하지만 영원히 사는 동물은 어떨까?

우리 모두 해파리를 잘 안다. 해파리는 반투명 우산처럼 보이기도 하고, 때에 따라 바다 위를 둥둥 떠다니는 생물처럼 보이기도 한다. 아이들은 종종 바닷가에 떠밀려온 해파리를 짓궂은 형제자매나 친구에게 무기로 던진다.

해파리는 모든 면에서 대단히 흥미로운 동물이다. 예를 들어 상자해파리처럼 독이 있는 종도 있는데, 바다말벌 Chironex fleck-eri 이라고 불리는 해파리가 여기 속한다. 바다말벌은 맹독을 지닌 해파리로, 건드리기만 해도 수 분 안에 목숨을 잃는다. 다행히 우리 주변 바다에 돌아다니는 상자해파리종은 그렇게까지 위험하지는 않은데, 우리는 이들을 불해파리 Feuerqualle 라고 부른다.

그밖에도 흥미로운 해파리종은 많다. 가령 관해파리라는 종은 얼핏 보기에는 정체를 알 수 없는 거대하고 괴상한 생물처럼 보인다. 간혹 촉수와 몸처럼 보이는 부분이 있기도 하지만 속임수에 불과하다. 관해파리는 하나의 개체가 아니라, 수천 마리가 모여 이루는 군체다. 이 군체에 속한 모든 개체는 저마다 특정한 기능에 전문화되어 있다. 그 각각의 개체들이 내부 장기와 촉수, 몸통 등을 만드는 것이다. 어떤 개체는 먹이를 섭취하여 소화하고, 어떤 개체는 촉각을 느끼거나 자포를 이용하여 방어망을 만든다. 또 어떤 개체들은 생식을 담당한다. 이렇게 개체들이 각각 여러 신체 기능을 담당한다.

이쯤되면 해파리라는 동물이 우리의 상식에서 상당히 벗어난 동물임을 알 수 있을 것이다. 해파리는 우리가 기존에 지니고 있는 신체와 개체성에 대한 믿음과 고정관념에 커다란 의문을 제기한다. 하지만 아직 끝이 아니다. 이런 생소함에 좀 더 익숙해질 필요가 있다. 이제부터 소개하는 해파리의 번식 방법은 더더욱 특이하기 때문이다.

해파리가 살아가는 법

해파리는 자포동물문에 속한다. 자포동물은 대부분 '세대교번'을 이용해 번식한다. 어려운 말처럼 들리지만, 간략하게 요약하자면 세대에 따라 무성 생식과 유성 생식을 번갈아 가며 이용한다는 의미다. 식물 중에는 이끼 같은 선태류도 이 방법을 이용하는데, 해파리의 경우 부착형으로 생활하는 폴립 단계와 부유하며 살아가는 메두사 단계가 번갈아 나타난다.

보통 '폴립'이라고 하면 장 내벽이나 코의 점막 안쪽에 나는 혹 같은 것을 떠올리지만, 여기서 폴립은 그런 의미가 아니다. 폴립은 편안하게 한곳에 머무는 생활, 즉 '고착' 생활을 하는 자포동물의 한 형태다. 폴립형 자포동물은 산

폴립 단계의 자포동물

호초 사이에 살거나 원판처럼 생긴 발을 바닥에 붙일 수 있으면서 물의 흐름이 살기에 좋은 장소를 찾는다. 외형적으로 폴립은 작은 촉수로 만든 화관을 머리에 쓰고 있는 원통을 떠올리게 한다. 촉수 화관의 가운데에 입이 있고, 입은 맹장으로 연결된다. 여기서 맹장은 헤르미네나 우리 인간과 마찬가지로 배설물이 흘러가는 다른 출구가 없다는 의미다. 폴립의 맹장은 입구가 되는 입만 있고, 별도의 출구가 없다.

폴립은 무성생식으로 번식한다. 폴립은 먼저 자신의 몸에 작은 눈을 만들고, 이 눈은 촉수가 달린 작은 입의 형태로 성장한다. 이 눈은 폴립에 계속 붙어 있거나 떨어져 나와 새로운 개체가 되는데, 이 새로운 개체는 원래의 폴립과 유전적으로 동일하다. 어떤 폴립은 번식을 위해 스스로 분할한다. 박테리아처럼 자신의 몸을 둘로 쪼개는 것이다. 또는 세포 조직을 통해 증식하기도 하는데, 이 조직은 발판에서 분리되어 새로운 아기 폴립이 된다.

메두사 단계의 해파리

앞에서 언급했듯 해파리는 메두사 단계도 있다. 비록 생긴 모양은 폴립과 다르지만 메두사는 같은 해파리종의 다른 형태일 뿐이다. 폴립 단계와 반대로 메두사 단계의 해파리는 바닷속을

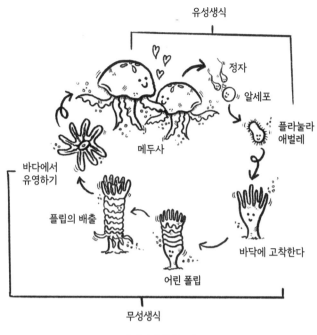

유성생식

정자

알세포

플라눌라
애벌레

메두사

바다에서
유영하기

플립의 배출

어린 폴립

바닥에 고착한다

무성생식

해파리의 생애주기

자유롭게 유영한다. 이 모습이 우리에게 익숙한 해파리의 모습이다. 폴립과 달리 메두사는 유성생식을 할 수 있다. 메두사와 폴립은 한 세대씩 교대하며 등장하는데, 이런 세대교번이 자포동물의 전형적인 형태다. 해파리종에 따라 세부적 기능과 세대교대 방식에는 차이가 있다.

해파리속에 속하는 오벨리아의 경우, 폴립은 눈을 통해 번식하면서 서로 연결된 동맹을 형성한다. 즉 오벨리아의 폴립은 언제나 서로 연결되어 있다. 가끔씩은 폴립에서 폴립이 아니라 메두사가 나오기도 한다. 배출된 메두사는 바다를 떠다니다가 다른 메두사들과 함께 유성생식이 가능한 하나의 세대를 구성한다.

메두사에는 암컷과 수컷이 있는데, 폴립이 암컷 메두사를 배출할지, 수컷 메두사를 배출할지를 직접 결정한다. 메두사 암컷은 넓은 바다에 알 수백 개를 낳은 뒤 죽는다. 그래서 메두사 암컷은 고작 몇 달밖에 살지 못한다. 알은 넓은 바다를 떠다니다가 수컷 메두사를 통해 수정된다. 가끔 바다에서 거대한 해파리 무리가 만들어지는 걸 목격할 수 있는데, 이 무리는 일종의 거대한 짝짓기 파티다. 그 파티에서 모든 알이 수정된다.

이 알에서 '플라눌라 애벌레'가 나온다. 플라눌라는 처음 얼마 동안 바다 속을 유영한다. 그러다가는 곧 제대로 된 집을 찾을 때가 온다. 애벌레 말기가 되면 플라눌라의 발판이 단단해지면서 새로운 폴립 군체를 만들기에 적당한 바닥을 찾아 정착한다.

영원히 죽지 않는 홍해파리

바다에서나 볼 수 있는 해파리의 다소 해괴한 생활사와 생식 과정을 굳이 육지에 사는 우리가 알아야 할 필요가 있을까? 하지만 여기서 해파리의 생활사와 생식 과정을 자세하게 설명하는 이유는 바로 이 세대교번 과정을 '해킹'하는 해파리종이 있기 때문이다. 이 해킹을 통해 이 해파리는 생물학적으로 불멸의 삶을 산다. 이 해파리종의 이름은 '홍해파리 Turritopsis dohrnii'이며, 이탈리아, 마요르카, 스페인의 바다에 산다.

홍해파리의 세대교번은 대단히 전형적으로 진행된다. 폴립들은 메두사를 만들고, 메두사들은 짝을 이루어 새로운 세대의 애벌레를 낳고 죽는다. 그러나 늘 그런 건 아니다. 이 홍해파리의 우산에 있는 세포들은 상당히 영리한 재주인 '전환분화 Transdifferentiation [36]하는 능력을 갖추고 있기 때문이다. 앞서 살펴보았듯, 세포분화란 온전히 특정한 기능을 가진 특정 세포로 특화되는 능력이다. 특화되면 이 세포는 혈액세포, 신장세포와 같은 특정 세포로 고정되어 한 직업에만 종사한다. 그런데 홍해파리의 우산에 있는 세포들은 다시 한번 '재교육'을 받고 직업을 바꿀 수 있다. 바로 새로운 개체를 만드는 새 폴립 눈이 될 수 있는 것이다. 이 눈은 분리되어 고착생활을 할 바닥을 찾고 그렇게 새로운 폴립으로서의 삶을 시작한다.

간단히 요약하면 번식을 마무리한 홍해파리의 메두사는 죽기 전에 자신의 몸 일부를 다시 폴립으로 변환시킬 수 있다. 이런 방법을 이용하여 홍해파리는 잠재적으로 죽지 않을 가능성을 갖게 된다. 한번 상상해 보라. 당신은 죽어가고 있다. 그런데 마지막 숨을 내뱉기 전에 재빠르게 손가락 하나를 태아로 변환시켜 새로운 삶을 사는 것이다. 홍해파리가 바로 이런 일을 할 수 있다. 만약 이 능력을 얻을 수만 있다면 우리는 계속해서 어린 시절로 돌아갈 수 있을 것이고, 갑작스러운 사고로 죽지 않는다면 삶은 계속될 수 있을 것이다.

불사의 가능성을 열어 주는 재주를 가진 다른 유기체들도 있다. 앞에서 설명했듯이, 박테리아와 다른 단세포 생물들은 분열법으로 번식한다. 분열은 결국 하나의 박테리아에서 두 개의 복제가 만들어지는 것이다. 말하자면 이들은 다시 '새롭게' 출발할 수 있다.

인간은 이런 생명체를 부러워하지만, 우리는 다른 생명체에게는 없는 어떤 것을 갖고 있다. 바로 의식이다. 의식은 그렇게 쉽게 나눌 수 없을 것이며, 분열법과 출아법으로는 온전히 복제하기 힘들 것이다. 그러므로 우리는 우리가 지니고 있는, 오직 한 번만 이용 가능한 것을 잘 활용해야 한다. 바로 우리 몸 말이다.

우리의 유한한 신체를
보완하는 법

현대를 살아가고 있다면 틀림없이 한 번쯤은 '사이보그'에 대해 들어봤을 것이다. 〈스타워즈〉나 〈스타트렉〉 같은 SF 영화나 드라마에서 경험했을 수도 있다. 사이보그란 기계와 생명체로 구성된 존재를 말한다. 한 가지 말해 두자면, 사이보그는 로봇이나 안드로이드가 아니다. 기술을 통해 '확장'되거나 '개선'된 인간이 사이보그다.

대중문화에서 사이보그는 큰 사랑을 받는 개념이다. 특히 〈스타트렉〉에 나오는 '보그'는 대중에게 많이 알려져 있다. 보그는 사이보그 종족으로, 점점 더 많은 생명체를 사이보그로 변환시키고, 변환된 생명체들을 하나의 집단의식에 연결하여 자기 종족으로 동화시킨다. 어느 에피소드에서 보그족은 인간을 납치하여 인간의 팔과 다리를 안정적이고 효율이 훨씬 뛰어난 인공 팔다리로 교체한다. 보그족의 눈도 인공눈인데, 이 눈으로 우리처럼 보기도 하고 방사선 사진 촬영과 같은 일들을 할 수도 있다.

사이보그의 시작

'사이보그'라는 개념은 1960년대에 과학자 맨프레드 클라인즈Manfred Clynes와 네이선 클라인Nathan S. Kline의 논문에 처음으로 등장했다.[37] 1960년대는 인류가 우주를 향한 열병에 취해 있던 시기였다. 모든 사람이 흥분 속에 아폴로 11호의 달 착륙 모습을 시청했고, 차갑고 끝이 없는 외부 세계로 확장하고자 하는 우리의 갈망은 과학 분야뿐만 아니라 디자인, 예술, 문화에도 영향을 주었다. 오늘날까지도 우리는 외부 행성으로 이주하는 꿈을 꾼다. 일론 머스크Elon Musk는 스페이스 X 프로그램을 통해 인간을 화성에 데려가려 하고, 우리는 점점 더 악화되어 가고 있는 지구를 대신할 플랜 B를 찾고 있다. 그리고 이 과정 가운데 늘 같은 질문이 제기된다. 어떻게 하면 극단적 우주 환경에서 생존할 수 있을까?

클라인즈와 클라인의 논문은 얼핏 보면 너무나 낯선 길을 가는 것 같다. 두 사람은 다음의 질문을 면밀하게 다룬다. '환경을 인간에게 적응시키는 게 아니라 인간을 환경 조건에 적응시키면 어떨까?' 앞에서 언급했던 보그 종족처럼 말이다. 클라인즈와 클라인은 진화가 이런 과정의 모범이라고 말했는데, 진화의 핵심은 환경을 생명체에 적응시키는 것이 아니라, 생명체가 환경에 적응하는 것이기 때문이다. 클라인즈와 클라인은 이러한 관점의 전환과 함께 새로운 비전을 제시했고, 오늘날에는 그저 허황된 이야기로만 치부되지 않는다. 사이보그를 기술의 도움을 받아 '확장된' 인간으로 정의하면, 의수와 의족, 인공관절, 인공심박동기 등을 몸에 지닌 사람은 모두 사이보그에 해당하기 때문이다. 포스트모던 문학비평가이자 작가인 낸시 캐서린 헤일스Nancy Katherine Hayles는 저서《사이보그 핸드북The Cyborg Hand-

저항은 의미가 없다.
치지직.

book》에서 이 주제를 다루었다. "현재 미국 인구의 약 10퍼센트 정도가 기술적 관점에서 '사이보그'다."[38] 헤일스는 생물학적 신체를 인공관절, 보청기, 의족 등과 같은 보조도구로 '수리'한 사람 모두를 사이보그 개념과 연결했다.

　기술의 도움을 받아 쇠약해진 신체를 보완하는 것이 나쁜 아이디어는 아니다. 인공 대체물이나 확장물이 아직은 원래 신체를 넘어서지 못하지만, 관련 연구는 계속해서 성공적으로 진행되고 있다. 현대 인공수족 분야의 기술을 보면, 이야기 속에 나오는 나무 의족을 한 선장에서 출발해 엄청나게 발전했다는 사실을 알 수 있다. 또한 나노기술을 통해 작은 기계 장치를 만들려는 노력도 이어지고 있다. 작은 장치를 우리 몸 안에 투입해 고장 난 DNA를 수리하거나, 혈전증을 비롯한 여러 문제를 해결하려고 하는 것이다. 이를 통해 우리가 불사에 도달하지 못하더라도, '그저' 수명을 연장하고 생활의 질을 가능한 한 건강하고 높은 수준으로 유지하는 수준에 그치더라도 아주 큰 도움이 될 것이다. 노년에 이르렀거나 질병이 많이 진전된 상황이라면 정신적으로는 아무 문제가 없을지라도 점점 기능이 저하되고 죽어가는 세포더미 앞에서는 속수무책일 수밖에 없기 때문이다.

정신을 업로드하기

어떤 과학자들은 여기서 급진적 관점을 선택한다. 이들은 인간의 육체성을 제거하고 우리의 의식을 '클라우드'에 업로드하려고 한다. 클라우드는 여러 서버들의 공동 작업을 통해 만들어지는 디지털 저장소다. 서버 하나에 문제가 생겨도 다른 서버들이 이를 대신한다. 인터넷에 연결되어 있으면 어디서나 데이터에 접근할 수 있다.

한번 상상해 보자. 저녁에 차를 마시고, 햄스터에게 먹이를 준 후 아이들을 재우고, 잠자리에 들어 침대에서 책을 읽은 다음(독서는 그냥 한 가지 예일 뿐이다!), 뇌를 인터넷에 연결해 백업 데이터를 업로드한다. 생각만 해도 엄청나게 실용적인 일이 아닐 수 없다. 어느 날 저녁, 당신이 뇌졸중에 걸려 쓰러지거나 악랄한 햄스터 강도떼가 침입해 밀폐용기에 들어 있는 해바라기씨를 빼앗아 가기 위해 당신을 죽인다면, 당신의 가족은 이 난장판이 지나간 후 클라우드에서 당신을 다시 다운로드할 것이다. 물론 당신을 다시 다운로드할지 말지는 가족이 당신을 사랑하는 정도에 달려 있지만 말이다. 그리고 예산 규모에 따라 당신은 윙윙거리는 컴퓨터로 복원되거나, 아니면 계속해서 책도 읽고 코도 긁을 수 있는 멋진 로봇 속에 들어갈 수도 있을 것이다.

이런 상상에는 물론 확실하지 않은 요소가 많다. 앞의 예시를 읽으며 모두가 떠올렸겠지만, 이런 일이 과연 실현 가능할까하는 의문이 그중 하나다. 이는 대단히 근본적인 질문이다. 질문은 계속 이어진다. 만약 가능하다면 어떻게 실현될까? 의식이란 진정 무엇인가? 의식의 클라우드 업로드는 어떻게 작동하고, 어디에 도움을 줄까? 이때 우리의 인격은 어디에 있을까? 그리고 주체성이란 무엇일까? 우리의 원래 육체성은 어느 정도 역할을 하게 될까?

이런 질문을 깊이 있게 다루는 일은 자연과학만의 과제가 아니다. 철학, 윤리학, 신학, 사회과학 등 다른 학문 분야도 이 문제를 다룬다. 개인적으로 나는 이 의식의 업로드라는 아이디어가 대단히 매력적이라고 생각한다. 나는 이 책의 원고 또한 클라우드 서비스에 저장해 두었는데, 내가 컴퓨터를 다루는 데 서툰데다가 실수로 노트북을 깔고 앉았다가 모든 데이터를 한순간에 날려 버릴까 하는 걱정 때문이다. 내가 지금까지 살아오면서 실수로 내 몸을 완전히 망가뜨리지 않았다는 것은 기적에 가깝다. 그래서 백업 가능성이 있다면 내게 아주 환영할만한 일이다.

그러나 이런 일은 아직 먼 미래의 꿈이다. 우리는 '삶'이라는 거래의 불편하고 불안한 부분을 다루지 않고 피해 갈 방법이 없다. 이제 죽음을 다룰 때가 왔다.

제4장

우리가 죽음을 맞이할 때

어느 날 찾아온 피할 수 없는 이별에 대하여

죽음을 피할 수 없다는 건 정말 고약한 상황이다. 이론적으로 우리에게는 다양한 삶을 펼칠 가능성이 있고, 그 가능성을 어느 정도 활용하느냐는 각자가 정한 우선순위에 달려 있다. 기업가나 성직자가 될 수도 있고, 드라마 시리즈의 중독자가 될 수도 있으며, 학생이 될 수도 있다. 숲을 즐겨 찾을 수도 있고, 극장 가는 걸 더 좋아할 수도 있다. 벌레를 무서워할 수도 혹은 좋아할 수도 있다. 어떤 사람은 오디오북 듣기를 좋아하고, 또 어떤 사람은 테크노 음악을 좋아한다. 자유로운 사람도 있지만 착취당하는 사람도 있으며, 건강한 사람도 있지만 평생 아픈 사람도 있다. 우리는 홍콩이나 드레스덴 혹은 나이로비에 살 수도 있다. 우리 사이의 차이와 다양성은 끝이 없지만, 모두가 공유하는 공통점이 하나 있다. 우리는 인간이며, 언젠가 모두 죽는다는 사실이다. 살면서 얼마나 큰 권력을 가졌는지, 삶이 얼마나 위대하고 강인했는지와 관계없이 모두 다 맞이하게 될 운명이다.

스스로의 필멸성을 깊이 숙고해 보는 실험은 연습 없이 무작정 시도하기에는 매우 위험한 작업이다. 하지만 언젠가 죽으리라는 사실을 깊이 생각해 보는 일은 근육운동처럼 훈련할 수있다. 상황에 따라 다르긴 하지만 말이다. 그러나 이 모든 준비에도 불구하고, 어느 정도 훈련을 거친 나조차도(최소한 머리로는 그렇다는 말이다) 죽음을 생각할 때면 불편한 감정을 느낀다.

나는 언제 죽음을 맞게 될까? 어떻게 죽게 될까? 사고일까, 질병일까 아니면 그냥 노환일까? 빠르고 갑작스러운 죽음을 맞게 될까? 아니면 죽음의 과정이 오래 걸릴까? 죽을 때 작별 인사를 나눌 수 있을까? 죽음은 고통스러울까? 두려울까? 그리고 죽음 이후에는 무엇이 올까?

죽음을 생각하면 이 모든 질문이 거의 동시에 떠오른다. 이 질문을 다루면서 나는 죽어감 Sterben 과 죽음 Tod 을 구분하려한다(죽음 연구에서는 흔히 죽음 death 과 죽어감 dying 을 구분한다. 저자는 이를 독일어 명사 죽음 Tod 과 동사 죽다 Sterben 로 구분했다. 이 책에서는 Sterben을 문맥에 따라 '죽어감', '죽음의 과정', '죽음의 여정', '죽어가는 과정' 등으로 옮겼다 – 옮긴이 주). '죽음 이후의 삶'이라는 개념은 내게 의미가 없다. 왜냐하면 내가 보기에 죽음이란 '그다음'이 없는 하나의 상태이기 때문이다. 그래서 나는 이렇게 묻고 싶다. "죽음의 여정이 끝난 후에도 삶이 있을까? 죽음 안에서의 삶이 존재할 수 있을까?"

어쨌든 우리는 본격적으로 죽음을 다루기에 앞서 우리가 죽음과 관련해 특히 불편하다고 느끼는 부분, 즉 죽음의 과정을 살펴봐야 한다. 부디 두려움이나 분노 때문에 바로 이 책을 방 구석에 던져 버리지 않기를 바란다. 다음에 나오는 이야기들은 섬뜩하기도 하고 낯설기도 하며 또한 슬프기도 하다. 마치 항생 제 치료 같은 것이다. 비록 장내 박테리아가 사멸하고 그 때문 에 30분마다 화장실을 들락거려야 할 테지만 우리는 항생제 치 료를 중단하지 말고 끝까지 견뎌야 한다. 걱정하지 마라. 헤르 미네가 지금 우리에게 다시 와 있다.

내가 헤르미네를 처음 만났을 때

2017년 초, 태어난 지 8주 된 중가리아 난쟁이햄스터 헤르 미네가 내 집으로 이사 왔다. 생기발랄하고 흥분도 잘하는, 작 지만 아주 강단 있는 햄스터였다. 헤르미네가 내 손바닥 위에 앉아 있을 때 나는 모든 근육의 수축과 심장이 뛸 때 전해오는 가벼운 떨림, 그리고 헤르미네의 호흡을 느꼈다. 나는 온전한 하나의 세계를 손바닥에 올려놓았다는 기이한 권력감을 느꼈으며, 동시에 헤르미네가 내 손바닥 위에 쪼그리고 앉아 해바라기씨를 먹는 동안 끔찍한 두려움과 어찌할 바 모르는 불편함도 느꼈다.

헤르미네가 나를 어떻게 생각했는지 나는 알 도리가 없다. 내가 부르면 헤르미네는 내 앞으로 쪼르르 달려왔다. 내 목소리에 익숙했고 곧 간식을 주리라는 걸 알았기 때문이다. 아마 헤르미네는 나를 먹이 주는 존재 정도로만 인정했을 것이다. 나는 늘 헤르미네를 조용히 내버려 두었고 울타리 밖으로 꺼낸 적이 없었다. 헤르미네는 나와 투닥거릴지 말지를 스스로 결정할 수 있었다. 대부분의 경우 헤르미네는 내게 관심이 없었는데, 항상 햄스터로서 처리해야 할 더 중요한 일들이 있었기 때문이다.

헤르미네는 철저한 개인주의 성향을 지녀서 지금 함께 살

고 있는 햄스터 루모와는 완전히 달랐다. 헤르미네는 호전적이고 용감했다. 매일 밤 헤르미네는 자신이 지내고 있는, 천장이 뚫린 거대한 케이지 속의 등반용 나뭇가지 꼭대기에 오른 뒤 여러 번의 도약을 거쳐 케이지에 걸쳐 있는 파키라 나뭇가지로 뛰어올랐다. 마치 원숭이처럼 말이다. 이런 놀라운 움직임으로 헤르미네는 보조책상에 무사히 도착한 후 창문턱을 타고 돌아 내 책상에 착륙했다. 어느 날부터 책상 위에 있던 티슈나 각종 견과류, 빵조각이 사라지는 이유를 알 수가 없어서 답답했던 나는 몇 달이 지나서야 그 원인을 찾을 수 있었다. 이 놀라운 광경을 어느 날 밤 내 눈으로 보지 못했더라면 나는 헤르미네의 소행임을 믿지 못했을 것이다. 나중에 알게 된 사실인데, 나의 반려견 클로에는 범인을 이미 알고 있었다. 클로에는 이미 여러 차례 나에게 이 사실을 알려 주려고 했지만, 나는 클로에의 신호를 알아채지 못했던 것이다.

헤르미네의 생각을 알 수 있다면

나는 햄스터의 심리를 전혀 모르지만, 헤르미네가 강하고 저항적인 성격이라는 것만은 안다. 어느 날 아침, 잠에서 깬 나는 비틀거리는 헤르미네의 귀에서 고름이 나오는 것을 보았다.

그 모습을 보고 나는 야구 방망이로 뒤통수를 맞은 것 같은 충격을 받았다. 나는 스스로에게 질문했다. 헤르미네에게 이미 오래전부터 증상이 있었지만, 고집 센 성격이라 계속 자신의 생활을 그대로 유지했던 것은 아닐까? 이런 의문도 들었다. 비록 철저한 독거 생활을 즐기는 동물이며 한 케이지에 여러 마리를 넣으면 서로 물어뜯는 습성을 지니고 있지만, 헤르미네가 작은 둥지에 몸을 말고 누워서 고통을 느낄 때 외로움을 느끼지는 않았을까? 심지어 아주 나중에는 이런 생각마저 들었다. 내가 케이지에서 꺼내 부드럽고 푹신한 상자에 넣고 수의사에게 데려갔을 때, 헤르미네는 무슨 '생각'을 하고 무엇을 느꼈을까? 헤르미네는 지금 죽을 거라는 사실을 알았을까? 자신에게 무슨 일이 생길지 헤르미네는 알고 있었을까?

한참을 고민하던 나는 헤르미네와 대화했다. 내 말을 알아듣지 못한다는 걸 잘 알고 있었지만 그래도 앞으로 일어날 일을 헤르미네에게 설명했다. 헤르미네는 햄스터로서의 본능을 갈고 닦았기에 자신에게 해를 끼칠 수 있는 일을 빠르게 알아차렸다. 높은 전투의지를 갖고 있었지만 헤르미네는 매우 조심스럽게 생활했고 늘 주위를 경계하면서 자신에게 잠재적 위협이 되는 요소를 책임감 있게 잘 처리했다. 위험을 무시하면 그보다 더 나쁜 일이 생길 수 있음을 헤르미네는 잘 알고 있었다.

"헤르미네 슈라이버." 동물병원 대기실에서 헤르미네의 이름이 불렸을 때, 나는 기분이 좋았다. 헤르미네는 동물병원에서 처음이자 마지막으로 성이 붙은 전체 이름으로 호명되었다. 위대한 순간이었다. 처음이자 마지막으로 낯선 사람들이 나의 햄스터 헤르미네를 알게 되었다. 여기 바로 자신들 옆에 난쟁이 햄스터 숙녀가 존재하고 있으며, 그 숙녀를 돌보고 걱정하는 사람이 최소한 한 명 있다는 사실을 말이다. 나는 수의사를 따라 검사실로 들어갔고 헤르미네를 상자에서 꺼내 검사대에 놓았다. 나이에 맞게 굽은 작은 등과 한쪽만 보이는 눈으로 헤르미네는 검사대에 자리를 잡고 다른 한쪽 눈에 낀 고름을 제거하려고 애썼다. 검사대 위에서, 늙고 야위어 6센티미터도 채 되지 않는 작은 몸이 신경 경련 때문에 뒤틀리고 구부러지는데도 헤르미네는 아랑곳하지 않고 볼주머니에서 해바라기씨 하나를 꺼내 서툴게 껍질을 까기 시작했다. 이 난쟁이햄스터에게는 오직 직진만이 존재했던 것이다.

중병을 앓고 있는 이 작은 생명체가 평범함을 유지하기 위해 고투하고, 처한 상황에서 최선을 다하는 모습은 나와 수의사를 감동시켰다. 그 순간에는, 헤르미네의 씩씩한 모습에 눈물을 훔치는 사람이 나만은 아니었다.

헤르미네와 함께한 마지막 순간

헤르미네는 짧은 검사를 받았다. 검사를 받는 동안 헤르미네는 완강하게 저항했다. 헤르미네다웠다. 우리가 헤르미네를 검사대에서 내리자, 헤르미네는 뒷다리로 불안하게 선 채 앞발을 휘저으면서 우리를 향해 씩씩거렸다. 우리 중 누구도 헤르미네에게 쉽게 싸움을 걸지 못했다. 헤르미네는 우리 인간에 의해 부주의하게 버려지기도 하는 작은 동물로서의 삶을 지키기 위해 타협 없이 싸울 준비가 되어 있었다. 왜냐하면 헤르미네는 더 이상 잃을 게 없었기 때문이다.

우리 인간의 경우도 다르지 않다. 돈과 지위, 사회 환경을 비롯한 모든 것을 빼앗겼을 때, 우리는 오직 스스로의 벌거벗은 생명만 소유할 뿐이다. 통장에 쌓아 둔 재산이나 귀중히 여겨 몰래 숨겨 둔 소유물은 물론이고 사랑하는 사람과 동물도 저 위로는 함께 갈 수 없다. 온전한 생명의 가치와 비교하면 이 모든 것이 결국 아무런 가치가 없다는 사실을 알면서도 우리는 이런 것들을 얻기 위해 싸운다.

헤르미네는 뇌종양
이 생겼거나, 뇌에 다른
병이 생긴 게 틀림없었다.
다른 방법이 없었다. 즉시
조치를 취해야 했다. 먼저
헤르미네는 마취주사를
맞았다. 붙잡고 있는 손길에서 벗어나려 몸부림치던 작은 몸이
갑자기 잠잠해지자, 애써 붙들고 있던 나의 평정심도 완전히 무
너졌다. 나는 집게손가락으로 헤르미네의 핀처럼 가는 다리를
잡고 있었고, 수의사는 헤르미네 몸만 한 청진판이 달린 청진기
로 헤르미네의 심장 박동을 들었다.

"이제 잠들었네요." 수의사는 말했다. 그리고 우리 두 사람
은 헤르미네를 내려다보았다. 통증도 두려움도 없이, 그저 깊은
잠에 빠져 편안하게 누워 있는 햄스터 한 마리를.

수의사는 몇 분 후 말했다. "이제 펜토바르비탈(수면제 및
진정제로 주로 사용되며, 동물 안락사에서 흔히 사용되는 약물 - 옮긴이
주) 주사를 놓을게요." 나는 망설이다가 결국 고개를 끄덕였다.
주사를 놓고 나서 수의사는 헤르미네의 심장 박동을 청진했다.
수의사가 청진기를 놓고 말을 할 때까지의 짧은 시간이 영원처
럼 느껴졌다. "이제 다 끝났어요."

우리는 한동안 말없이 헤르미네를 내려다보았다. 나는 헤르미네를 다시 상자에 넣고, 데스크로 가서 진료비를 정산했다. 한 햄스터의 임종에 필요한 비용은 19.24유로였고, 여기에 사전 검사비 7 유로와 약값 몇 센트가 추가되었다.

나는 집으로 돌아와 헤르미네를 작은 수건 위에 놓고 작별 사진을 찍었다. 그다음 헤르미네를 씻기고 새 수건으로 감싼 후 비닐에 넣어 냉동실에 얼렸다. 적절한 장례 방법과 헤르미네에게 적당한 마지막 장소를 숙고할 필요가 있었기 때문이다.

죽음의 과정은 어떻게 진행될까

지인 중에 익스트림 스포츠를 즐기는 사람이 있다. 그는 어떤 경우에도 큰 사고가 나지 않으리라는 확신이 있는지, 히말라야 산악 지역에 있는 죽음의 지대를 고생스럽게 찾아가 탐험하고, 패러글라이딩과 번지점프를 즐기며, 1,000미터 상공을 나는 비행기에서 벨트와 천으로 된 장비만 달고 몸을 던진다.

한번은 이렇게 물었다. "왜 그런 운동을 즐겨?"

그는 잠시 생각한 후 대답했다. "잘 모르겠네. 어쨌든 재미있어. 기분도 좋고. 말하자면 심각한 상황을 대비한 연습 같은 거지."

나는 자문했다. 심각한 상황이 뭘까? 비행기를 타고 현기

증 날 정도로 높은 상공을 지나다가 갑자기 그 비행기에 불이 나는 상황? 그런데 심지어 그 비행기에 비상사태를 대비한 낙하산이 갖추어져 있어서 그 낙하산을 메고 당장 뛰어 내려야 하는 그런 상황인가? 혹은 엄청나게 튼튼한 고무줄을 어딘가에 고정한 다음 머리부터 뛰어 내려야 할 상황이 생긴다는 말인가? 그가 '절대반지'를 찾았는데, 중간계 모리아 광산의 형편이 더는 좋지 못해 어쩔 수 없이 톨킨의 높고 위험한 안개산맥을 지나 운명의 산으로 원정이라도 떠나게 될 거란 말인가?

통제불능의 상태를 연습하기

죽음을 맞닥뜨린 후에야 비로소 나는 그가 한 말의 뜻을 더 깊이 이해하게 되었다. 그는 통제불능 상태를 연습했던 것이다. 죽어가는 과정에서 우리는 통제불능의 상태와 마주한다. 절대적이고 피할 수 없는 완전한 통제불능 말이다. 죽음의 여정에서 우리는 몸과 정신은 물론이고 우리에게 익숙했던 모든 것을 더는 통제할 수 없는 상태에 접어든다. 죽음은 되돌릴 수 없는 마지막 상실이기 때문이다.

삶의 과정 가운데서도 특히 잠이나 죽어감 혹은 죽음에 대해서는 우리가 아는 것이 거의 없다. 모든 경험적 연구가 이 지점에서 멈추기 때문이다. 잠든 사람에게는 질문을 할 수 없다. 잠자는 사람에게 잠이 어떠한지, 방금 무엇을 보았는지 답을 얻기란 불가능하다. 답을 해주려면 명징한 의식이 돌아와야, 다시 말해 잠에서 깨어나야 하기 때문이다. 마찬가지로 죽음의 여정에서 이미 꽤 멀리 가 있는 사람은 지금 느낌이 어떠한지, 무엇을 생각하고 느끼며 내적으로 무엇을 보고 있는지 우리에게 알려 주지 못한다. 당연한 말이지만, 죽은 사람은 인터뷰에 응할 수도 없다.

죽은 후의 상태는 어떤 느낌일까? 우리에게 닫혀 있는 이 영역을 통찰하기 위해 우리는 무엇을 해야 할까? 저승이 정말 존재하기는 할까? 아니면 그냥 아무것도 없는 걸까? "거기 있는 거야? 이봐, 아직 거기 있어?" 죽은 다음에도 이렇게 외치며 홀로 덩그러니 남아 있는 걸까?

의식이 빠져나가면 그 즉시 모든 경험 가능성도 끝이 난다. 우리는 여러 수단을 동원해 특정한 사건이나 일 혹은 현상을 측정한다. 죽어가는 사람을 예로 들자면 뇌파, 심장 박동, 호흡, 체온 등이 그렇다. 우리는 죽어가는 과정이 어떻게 진행되는지 외부에서 관찰할 수는 있지만, 죽어가는 과정에 포함된 모든 구성 요소를 알지는 못한다. 더는 아무것도 측정되지 않으면 죽음을 맞이한 것이다. 호흡도 없고, 심장 박동도 없다. 뇌파도 멈춘다. 이처럼 죽음은 모든 활력징후vital signs 의 부재다.

진정 홀로 마주해야 하는 일

생명체의 수만큼 죽음이 존재하고, 죽음의 과정 역시 그만큼 다양하다. 한 사람이 다른 사람과 완벽히 같은 삶을 살 수 없듯이, 다른 사람과 같은 죽음의 과정을 거칠 수도 없다. 물론 삶이 그러하듯, 죽어가는 과정도 어느 정도 공통적이고 유사한 부분이 있다. 수녀원에 사는 수녀들이 정확히 같지는 않지만 모두 비슷한 시간표와 규칙에 따라 살아가듯이 말이다. 잘 뒤져 보면 틀림없이 이 세상 어딘가에는 나와 비슷한 사람이 있을 것이다. 글쓰기를 좋아하고 현미경으로 사물을 탐구하며 벌레들과 (자유의지로) 함께 살면서 개도 한 마리 키우는 사람 말이다. 하지만 설령 그렇다고 해도 그의 삶이 나와 똑같을 수는 없다. 이와 마찬가지로 누구도 나와 똑같은 죽음의 과정을 밟지는 않을 것이다. 우리의 삶은 개별적이며, 우리의 죽음도 그렇다. 삶과 죽음은 유일하며, 각자에게 속한다.

그런데 이 죽음의 개별성과 유일성이 문제다. 특히 우리 스스로의 정신과 주변의 가족 및 친구들에게 말이다. 죽어가는 사람의 마지막 길에 '진정으로' 동행하는 일, 즉 '함께 가는' 일은 불가능하기 때문이다. 언젠가 내가 세상을 떠날 때, 내게 악수를 청하면서 '참, 내가 너와 함께 간다는 걸 알고 있지?'라고 말할 수 있는 사람은 아무도 없다. 나는 그 길을 온전히 혼자서 가야 할 것이다. 학교에 가는 첫날처럼 말이다. 부모님은 아이를 교문까지 바래다주거나, 학교 건물 혹은 교실이 있는 층까지 동행할 수도 있을 것이다. 하지만 교실에는 아이 혼자 들어가야 한다. 물론 죽음과 학교 첫날 사이에는 큰 차이가 있다. 왜냐하면 죽음의 과정에는 앞으로 나와 함께할 같은 반 친구들이 없기 때문이다. 신 혹은 그와 유사한 것을 믿지 않는다면, 거기에는 오직 나만 있다.

헤르미네가 검사대에 누워 있을 때, 내가 헤르미네의 작은 다리를 잡고 있기는 했지만 헤르미네는 혼자였다. 헤르미네가 느끼는 것을 나는 함께 느끼지 못했고, 헤르미네가 듣는 것을 듣지 못했고, 헤르미네가 보는 것을 보지 못했으며, 헤르미네와 함께 가지 못했다. 죽어갈 때 헤르미네의 기분이 어땠는지 나는 모른다. 또 다른 생명체가 그 공간에 있다는 걸 헤르미네가 느꼈는지도 모르겠다. 헤르미네가 맞이한 죽음에 대해 여전히 나는 아무것도 알지 못한다. 헤르미네가 지금도 여전히 어떻게든 '지내고 있는지', 아니면 그냥 뺨에 닿은 눈송이처럼 녹아서 영원히 사라져 버렸는지 알 도리가 없다. 그러나 헤르미네가 죽어갔던 과정은 이미 잠든 다른 햄스터들의 여정과 비슷했을 것이다. 우리 인간도 그렇다.

우리는 죽음의 원인을 알 수 있을까

후버트라는 가상의 남성을 생각해 보자. 그는 평생 천식을 달고 살았기에 위급 시에 어떻게 대처해야 하는지 잘 알고 있었다. '만약 숨 쉬기가 힘들어지면, 약을 먹고 천천히 심호흡하면서 의사를 불러야지.' 그러나 어느 순간 예상보다 심각한 발작이 찾아왔다. 갑자기 심한 호흡곤란이 왔고 발작을 일으킨 폐에 가래가 가득 차면서, 후버트는 누군가 울타리 기둥을 뽑아 자신의 가슴을 내리친 것 같은 느낌을 받았다. 폐가 납작해져서 아무리 숨을 쉬려고 노력해도 산소분자가 더는 폐를 통과하지 못했다. 후버트는 무릎을 꿇고 양손으로 바닥을 짚었다. 아마도 이 순간은 여러 날에 걸쳐 진행되고 점점 더 심해지는 '천식지속상태 Status asthmaticus'의 정점이었을 것이다. 호흡근육은 너무 쇠진해서 제대로 기능할 수 없었으며, 약은 전혀 효력이 없었거나 손이 닿는 곳에 약이 없을 것이다. 발작이 일어났을 때 하필 지하 창고에 있어서 계단을 올라오지 못했고, 휴대폰 신호마저 터지지 않았을 수도 있다. 숨을 그르렁거리면서 휘파람 소리 같은 천명을 내던 후버트는 이제 알았다. '내가 죽는구나.' 입술은 파랗게 변했고, 핏속의 산소 함유량은 계속해서 줄어들었다. 어느 순간, 후버트는 그곳에 조용히 누웠다. 그는 먼저 의식을 잃었고, 그리고 죽었다.

사망진단서에는 이렇게 적힌다. '기관지 천식' 그리고 '천식지속상태.' 후버트의 죽음은 다른 많은 사람과 같은 코드로 분류되어 한 서류함에 보관된다. 독일의 통계 회사 스타티스타 Statista 의 자료에 따르면, 2018년 독일에서 사망진단서에 J46번 (천식지속상태)이 기재된 사람은 모두 50명이었다. 후버트는 아마도 J45.9 그룹(상세불명의 기관지 천식)에도 속했던 946명 중 한 명일 것이다. 그리고 호흡 정지에 따른 질식사lung death이기도 했다.

이런 유형별 분류를 보면, 누군가 죽음을 맞이했을 때 언제나 그 원인을 파악할 수 있으리라고 생각할지 모르겠다. 그러나 이는 잘못된 생각이다. 사람들은 가령 '심장사'로 죽었다는 진단서를 읽으면 죽은 사람에게 무슨 일이 일어났는지 속속들이 안다고 믿는다. 사후에 부검을 통해 신체 기관, 세포, 피부의 층들을 보고 사망 원인의 단서를 추측할 수도 있다. 그러나 여전히 사각지대는 존재한다. 그렇지 않았다면 우리는 진작에 삶과 죽음에 대한 모든 것을 이해했을 것이다. 우리는 아직 그런 경지에 이르지 못했다. 모든 것을 이해했다면 어떤 죽음도 우리를 놀라게 하지 않을 것이다.

지병이 있는 사람이나 나이는 많지만 생리적으로나 육체적으로 건강하게 생활하던 사람이 어느 날 갑자기 상태가 안 좋아지면 이렇게 말할 때가 있다. "내일 나는 죽을 거예요." 그를 돌보는 간병인은 환자를 안심시키기 위해 이렇게 말하기 마련이다. "아무 증상도 없잖아요. 사흘 후에 다시 집으로 돌아갈 수 있을 거예요." 하지만 이 환자는 정말로 그다음 날 새벽에 숨을 거둔다. 이런 일화를 보면 환자차트에 적힌 진단 내용과 사망진단서에 기재된 사망기호가 어떻든, 우리가 죽음에 대해 아는 게 매우 적다는 사실을 알 수 있다.

쇠약해져서 마침내 죽음에 이르기까지

나는 헤르미네 전에도 햄스터를 여럿 키웠다. 그중에는 해적 같은 얼굴을 한 암컷 난쟁이햄스터인 '애꾸눈' 재키도 있었다. 재키가 애꾸눈이 된 이유는 재키의 동기가 눈을 물어뜯었기 때문이다. 난쟁이햄스터는 귀여운 외형과 달리 상당히 난폭한 종이다.

재키

재키는 헤르미네보다 수줍음이 많았지만, 케이지 안에서는 활달하게 지냈다. 특히 자유낙하를 좋아해서, 끊임없이 높은 곳으로 올라가 아래로 떨어지는 일을 반복했다. 부드러운 건초 위로 뛰어내리자마자 다시 높은 곳으로 올라가 또다시 뛰어내리곤 했다. 익스트림 스포츠를 즐기는 내 지인과 재키는 분명히 서로 할 말이 많았을 것이다. 아마 내 지인은 할 수만 있다면 재키를 스카이다이빙에 데려갔을 것이다. 재키도 틀림없이 스카이다이빙을 좋아했을 것이고, 파일럿 선글라스와 그 밖의 모든 것을 마음에 들어 했을 것이다.

재키는 세 살이 되자 등이 조금 굽었고, 매우 조용해졌다. 스턴트를 향한 재키의 열정은 긴 낮잠을 너무너무 사랑하게 되면서 식어 갔다. 간식도 언젠가부터는 그리 즐기지 않았다. 죽음이 가까워졌을 때 음식을 더 이상 섭취하지 않는 것은 정상이다. 햄스터도 그렇고 인간도 그렇다. 그러나 영양 섭취를 거부하는 사람을 지켜보는 일은 가족과 친지들에게 매우 힘든 일이다. 쇠약한 모습과 움푹 팬 볼, 바짝 마른 입술 등을 매일 같이 보아야 하니 말이다. 일반적으로 식욕은 육체적으로나 정신적으로나 건강하다는 신호다. 그래서 음식을 먹지 않으면 주위에서는 걱정하기 시작한다. 식욕은 살아 있는 이들의 기본욕구다. 이 기본적인 욕구가 사라지는 것은 일종의 경고신호이며, 우리는 이에 두려움을 느낀다.

이때 많은 가족들이 패닉에 빠지면서 하지 않는 게 나을 수도 있는 조치를 취하게 된다. 그들은 요양원이나 병원에 요구해서 죽어가는 사람에게 위장관을 이용한 경장영양을 실시하게 한다. 독일을 비롯한 일부 국가에서 특히 경장영양을 많이 시행한다. 독일의 경우 해마다 약 14만 명의 위장관에 튜브가 삽입된다.[39] 이는 대체로 불필요한 처치인데, 경장영양은 이미 진행되는 죽음의 과정에 의미 없이 개입하는 일이며, 불필요하게 그 시간만 연장하기 때문이다.

튜브를 삽입하는 과정은 다음과 같다. 환자가 의식이 있으면 코에 튜브의 끝을 넣고 윤활제를 바른 후 환자에게 고개를 앞으로 숙이도록 한다. 그다음 튜브를 밀어 넣으면서 환자에게 삼키게 한다. 환자가 의식이 없을 때는 손으로 튜브를 집어넣는데, 튜브가 어디로 들어가야 하는지 확인하기 위해 후두경을 이용하기도 한다. 그러나 언제나 코를 통해 길을 만드는 건 아니다. 때로는 유동식을 공급하기 위해 튜브를 배를 통해 위장에 직접 연결하기도 한다. 튜브 설치를 위한 기준은? 이는 의료진의 재량에 달린 문제다.

'인공영양'이란 주제는 많은 사람에게 두려움을 유발한다. 특히 실제 요양원으로 가야 하는 사람들에게는 중요한 문제다. 물론 언제나 인공영양이 나쁜 것만은 아니다. 가끔 인공영양을 해야 하는 이유가 확실한 사례도 있다. 음식 소화에 어려움을 겪는 경우가 그렇다. 그러나 이 시술을 하기 전에는 언제나 인공영양을 통한 이점이 충분히 큰가를 반드시 고려해야 한다. 당사자가 말을 할 수 있는 경우에는 그의 말을 반드시 경청하고 그의 요구를 고려해야 한다.

가족들이 의료진에게 경장영양을 요구하는 이유는 이 처치가 바람직하다고 생각하기 때문이다. 요양원은 언론에 부정적인 기사가 나거나 환자의 가족으로부터 소송을 당하지는 않을지 두려워한다. 이런 기사가 신문에 실린다고 생각해 보자. 환자는 수척해져 누워 있고, 가족들이 그 곁에서 이렇게 말하는 것이다. "요양원에서 우리 할머니를 굶겨 죽이려고 해요!" 그 요양원은 엄청난 비난에 직면하게 될 것이다.

수십 년 전에는 식욕 상실을 삶의 끝에 다가가는 신호로 보았지만, 오늘날 사람들은 이런 관점을 "제거하고 최적화했다."[40] 순전히 불안감 때문에, 인공영양을 할 수만 있다면 점점 더 자주 이 수단을 이용하고 있다. 하지만 이 방법이 좋지 않은 결과를 불러올 수도 있음을 명심해야 한다. 영양액이 주입되는 튜브를 달고 있는 환자를 한 번이라도 직접 본다면, 경장영양이 언제나 좋은 것만은 아님을 알 수 있다. 심지어 이는 환자에게도 문제가 된다. 적절한 영양과 수분은 신체를 다시 제대로 기능하게 만들지만 천천히 기능을 줄여가는 신체에는 필요하지 않은 일이다. 몸은 이미 신호를 보냈다. '그만, 나는 영양분을 원하지 않아.' 이미 말했듯이, 죽음의 과정에서 소화 기능이 천천히 줄어드는 현상은 자연스러운 일이다.

재키도 그랬다. 더는 계단을 오르지 못하고, 쳇바퀴를 돌리지 못하며, 케이지 탈출이라는 모험도 하지 못하는데 그렇게 많은 음식이 왜 필요하겠는가? 재키는 더 이상 해바라기씨도 간식도 필요하지 않았다. 하지만 재키가 음식을 먹는 모습을 더는 볼 수 없다는 사실이 내게는 힘든 일이었다. 나는 계속해서 재키가 좋아하는 먹거리를 내밀었지만, 재키는 냄새만 잠깐 맡고는 이내 관심을 거뒀다. 식욕이 없어진 것이다. 인간은 55세가 지나면 필요한 에너지의 양이 점점 더 줄어든다. 인간의 에너지 요구량은 10년마다 약 10퍼센트씩 줄어든다. 80세가 되면 50대 중반에게 필요한 칼로리의 70~80퍼센트만 섭취하면 된다.[41] 햄스터의 경우도 비슷하다.

죽어가는 과정에서 종종 후각이 둔감해지고, 이와 더불어 미각도 떨어진다. 이제 모든 음식의 맛이 똑같은 것처럼 느껴진다. 어떤 음식에도 관심이 없다. 재키의 몸은 점점 더 약해져 갔고, 온종일 잠만 잤다. 몸을 아직 제대로 쓸 수 있었을 때 직접 만들었던 둥지에 웅크리고 누워 있는 재키를 깨우기가 점점 더 어려워졌다. 모든 일이 너무 힘들어졌다. 물을 삼키는 일도, 고개를 드는 일도. 깨어 있을 때 재키는 방향을 잃은 채 자꾸 케이지 안으로만 맴돌았고, 예전처럼 나를 알아보지도 못했다. 그렇지만 어쩌다 가끔은, 마치 여전히 나를 알아본다는 듯이 내 손가락에 코를 문지르기도 했다. 재키의 구강은 말라갔고, 작은 입 주변에는 딱지가 앉았다. 나는 손가락을 물에 적셔 재키의 입에 대주곤 했다. 재키는 가끔 손가락을 빨았지만, 대부분 관심이 없었다.

재키의 다리는 피가 잘 통하지 않아 예전보다 차가워졌다. 우리 인간 역시도 이런 일을 경험한다. 팔과 다리를 순환하던 피가 점차 몸의 중심으로 모인다. 팔다리보다는 그곳이 더 중요하기 때문이다. 약한 탈수 상태와 저혈압이 계속되면서 남아 있는 모든 것들이 복부에 모여 있는 신체 기관과 머리 부분의 뇌로 몰린다. 이런 상황을 의학 전문 용어로는 중심화centralization 라고 한다.

시간이 더 지나자 재키는 오줌을 누지 못했다. 콩팥, 즉 신장은 우리 몸에서 기능을 멈추는 첫 번째 기관이 되는 경우가 많다. 앞에서 언급했듯이, 이때 너무 많은 수분이 주입되는 건 좋지 않다. 죽음의 과정에 있는 사람이 느끼는 갈증은 정말로 수분이 부족해서라기보다는 입이 건조하기 때문에 나타나는 느낌이다. 이때는 젖은 수건을 빨게 하거나, 분무기로 입에 물을 뿌려 주는 게 도움이 된다.

가끔씩 재키는 자리에서 일어나 갑자기 소란을 피우기도 했는데, 마치 어디론가 가고 싶은 것처럼 보였다. 인간에게도 이런 일이 일어난다. 호스피스 병동에 있는 환자들이 갑자기 침대에서 힘겹게 내려와 신발을 찾으며 어딘가 가려고 하는 식이다. 죽음을 앞두었을 때 느끼는 동요를 내보이는 것이다. 나의 햄스터 재키는 케이지 안을 왔다 갔다 하면서 씨앗 저장고를 옮기려고 했고, 새로운 둥지를 다시 만들려는 준비를 하기도 했다. 하지만 재키는 오래지 않아 이 작업을 포기했다. 더는 움직이지 않았고, 다시 낮잠에 빠졌다.

다음 날, 나는 여느 때처럼 재키가 둥지에 누워 있는 모습을 보았다. 죽음은 재키를 잠자는 중에 데려갔고, 재키는 마치 털이 달린 평화로운 작은 새우처럼 동그랗게 몸을 말고 있었다.

제4장 우리가 죽음을 맞이할 때

우리가 삶과 이별하는 과정

죽음 연구에서는 죽어가는 과정을 단계로 나누어 구분하기도 하지만, 이 구분이 확고한 규칙은 아니다. 모든 사람이 이 단계를 전부 통과하지도 않는다. 어떤 단계에서는 더 오래 머물기도 하고, 어떤 단계는 짧게 지나가기도 한다. 가끔은 단계가 순차적으로 진행되지 않고 왔다 갔다 하기도 한다. 죽음의 여정은 개별적이기 때문이다. 다시 한번 강조하지만, 죽음으로 가는 여정에서 분명하고 확실한 것은 없다. 옳고 그름도 없다.

독일 의사 협회에서 정의한 바에 따르면, 사람이 죽어간다는 것은 "하나 혹은 여러 개의 생체 기능이 돌이킬 수 없이 손상되어 짧은 시간 안에 죽음으로 진입하리라 예상할 수 있다"[42]는 의미다. 여기서 '생체 기능'이란 호흡, 심장 순환, 중추신경계와 이 모든 걸 관리하는 뇌 기능을 의미한다.

우리는 어떻게 죽게 될까

죽음의 과정에서 우리가 무슨 일을 겪게 되는지 구체적으로 알아보기 위해 가상의 사례를 들어 알아보는 게 좋겠다. 지금부터 하넬로레라는 가상의 인물을 만나 보자. 하넬로레는 운동을 즐기며 활동적인 67세 여성이다.

연초에 하넬로레는 의사 앞에 앉아 있었다. 귓속이 멍멍했다. 하넬로레는 무릎 위에 올려 둔 가방을 꼭 움켜쥐었다. 의사는 슬픔과 이해가 뒤섞인 눈으로 하넬로레를 보았다. 의사는 지금 막 하넬로레에게 유방암이 확진되었다고 말한 참이었다. 그것도 치유가 불가능한 4기.

하넬로레, 67세

하넬로레의 담당 의사는 섬세한 사람이었다. 의사는 하넬로레와 내일 다시, 한 번 더 이야기해야 한다는 사실을 알았다. 환자가 지금 들은 정보를 전혀 파악하지 못한 것처럼 보였기 때문이다. 자신이 죽을병에 걸렸고, 그것도 '곧' 죽어야 하는 운명이라는 소식은 끔찍하다. 이런 정보는 정신에 과도한 부담을 주어서, 우리는 이 정보를 듣는 순간에는 그 사실을 거의 받아들이지 못한다. 아마 하넬로레는 넋이 나간 듯 조용히 앉아 있었을 것이다. 물론 의사의 질문에는 고개를 끄덕이면서 모든 것을 명쾌하게 알아들었다고 말하고 예의 바르게 작별 인사를 건넸을 것이다. 하지만 집으로 돌아와 이내 깨달았을 것이다. 아무것도 명쾌하지 않다는 것을. 혹은 의사 앞에서 울거나 소리를 치고 이렇게 질문했을 수도 있다. '왜 하필 내가?' 이런 통보에 자신이 어떻게 반응할지는 실제로 그 일이 닥쳐보기 전에는 모른다. 죽음이 임박했다는 고지를 받고 스스로 그 의미를 깨달은 다음에야 처음으로 알게 된다.

다음 날 하넬로레는 다시 병원을 찾았다. 아직 가족에게는 아무 말도 하지 않았고, 여전히 어찌 할 바를 모르고 있었다. 그녀는 남편이 죽은 후 혼자 살고 있었다. 유방암 진단을 받은 그날 밤에는 책을 읽어 보려 애썼으며, 부엌에 가서는 뭘 하러 왔는지 몰라 멍하니 서 있었다. '내가 뭘 하려고 부엌에 왔지?' 그녀는 잠을 거의 자지 못했고, 눈물을 흘렸다. 하넬로레의 딸은 막 둘째를 출산했다. 이제 무엇을 해야 하나?

병원에서 의사는 하넬로레를 위한 치료법을 설명해 주었다. 의사는 '완화의료Palliative Care'를 권했다. 완화치료는 질병을 고칠 수는 없지만, 증상을 어느 정도 통제하면서 더 긴 시간 동안 삶의 질을 유지하는 치료를 의미한다.

독일에서 완화의료라는 개념은 특히 1970년대를 거치면서 호스피스 운동과 당시 막 등장한 완화의학을 통해 크게 발전했다. 1980년대 초, 쾰른대학병원에 처음으로 완화의료 병동이 문을 열었을 때 독일 암 원조 재단Deutsche Krebshilfe이 큰 지원을 했다. 1980년대 중반에는 아헨에 첫 번째 호스피스 병원이 생겼다. 그 이후 수십 년이 흐르면서 몇 가지 개혁이 이루어지고 새로운 법이 생겨났는데, 덕분에 2007년부터는 중병에 걸려 집중적인 돌봄이 필요한 환자에게 특별한 완화의료를 요구할 권리가 생겼다. 24시간 전화상담 및 위기관리 서비스, 사회복지사와 종교인을 통한 심리사회적 지원, 순회 호스피스 서비스 지원 등이 이 권리에 포함된다. 순회 호스피스 서비스는 이 권리 중에서도 특히나 중요한데, 대부분의 사람이 집에서 죽기를 원하기 때문이다.

이제 다시 하넬로레로 돌아가자.

하넬로레는 이제 '재활단계'에 있다. 이 단계는 진단에 따라 몇 주 혹은 몇 년이 걸리기도 한다. 시한부 판정은 받았지만, 어느 정도 정상적인 삶을 유지할 수 있는 단계다. 이 시기에 도움을 주는 치료법이 시도된다. 삶의 질을 개선해 주는 시술이 이루어질 수도 있고, 손주들과 보낼 수 있는 시간을 좀 더 연장하기 위해 화학요법과 방사선치료도 받을 수 있다. 진통제의 도움을 받기도 한다.

하넬로레는 노르웨이로 여행을 떠났다. 오래전부터 계획했던 여행이었고, 두 딸과 함께 갔다. 하넬로레의 몸은 이전과 마찬가지로 여전히 민첩했고 마음은 편안했으며, 진통제의 도움으로 통증은 잘 통제되고 있었다. 하넬로레는 자기 몸 안에 아주 나쁜 무언가 사납게 날뛰고 있다는 사실을 종종 잊곤 했는데, 이 단계에서는 여전히 스스로가 건강하다고 느끼기 때문이다.

삶은 아름답고 하넬로레는 행복했다. 죽음이 차에 함께 타고 있었지만 그는 아직 말없는 조용한 동승자였다. 하루하루가 평범하게 흘러갔다. 그러나 밤이 되어 홀로 식탁에 앉아 있을 때면 하넬로레는 이따금 우울한 생각에 빠지곤 했다. 의심과 두려움이 덮쳤다. 그럴 때면 하넬로레는 울거나 집안 전체를 청소했다. 가끔은 청소하면서 울기도 했다. 종종 이유 없는 공허함을 느낄 때 울고 싶은 마음이 들었지만, 그럴 수는 없었다. 하넬로레는 어떤 독재자가 소수자들을 탄압한다는 기사를 읽으면서 이렇게 생각했다. '왜 이런 나쁜 놈은 암에 걸리지 않고, 나만 걸렸을까?'

가을이 되자 하넬로레는 숨이 점점 가빠지는 걸 느꼈다. 병원에서 다시 검사를 받았고, 의사는 암이 폐로 전이되어 폐에 종종 물이 찬다고 설명했다. 호흡곤란은 하넬로레에게 두려움을 불러왔다. 그녀는 이제 '임종 전단계'에 들어섰다. 이 단계는 몇 주에서 몇 달까지 이어지기도 하지만 몇 년씩이나 걸리지 않는다.

죽음의 과정을 겪는 사람은 대부분 호흡곤란의 어려움을 안다. 암환자, 심장병 환자, 만성 폐쇄성 폐질환COPD이 있는 환자들은 모두 간헐적으로 호흡에 충분한 공기를 얻지 못한다고 느낀다. 하넬로레는 질식사를 두려워했다. 그녀의 반응에 의사가 설명했다. "정말로 질식으로 죽게 된다고 해도 아무것도 느끼지 못할 겁니다. 우리가 돌볼 테니까요."

의사가 이른바 '말기 진정terminal sedation'을 설명하자, 하넬로레는 마음이 놓였다. 말기 진정이란 증상이나 통증을 견디지 못할 경우, 죽기 전에 잠들게 하여 모든 것이 끝날 때까지 깨우지 않는 처치다. 이런 선택이 있다는 사실에 하넬로레는 안정을 찾았고, 호흡곤란 증상도 완화되었다. 때로는 증상에 대한 두려움이 그 증상을 더 악화시키기도 한다. 의사는 하넬로레의 폐에 차 있던 물을 빼냈는데, 이 물은 폐의 외부에도 있었다. 폐에서 물을 빼내자 하넬로레는 훨씬 좋아졌지만, 연초만큼 좋아지지는 않았다. 하넬로레는 변호사, 의사와 협의하여 '사전연명의료의향서'를 작성했다.

사전연명의료의향서는 우리가 동의나 거부 의사를 밝힐 수 없는 상태에 빠졌을 때 우리에게 적용될 치료의 기준을 정하는 중요한 도구다. 가령 자동차 사고로 혼수상태에 빠지거나 치매에 걸리면 우리는 스스로의 의사를 더는 분명하게 표현하지 못한다. 이런 때를 대비하여 사전연명의료의향서에 분명하게 본인의 의사를 적어 두는 것이다. 사전연명의료의향서에는 다시 깨어나기를 원하는지, 인공영양을 원하는지 혹은 원하지 않는지, 그리고 연명의료장비는 언제 제거하기를 원하는지 등의 내용을 담는다. 사전연명의료의향서의 양식은 인터넷에도 있지만, 모든 변수와 상황을 고려해 분명한 지침을 만들기 위해서는 변호사나 의사와 상담하는 것이 좋다.

하넬로레는 점점 말라 갔다. 예전에는 날씬했지만, 지금은 수척해 보였다. 하넬로레는 이제 병을 더는 잊어버릴 수가 없었고, 자주 죽음을 생각했다. 하넬로레는 혼자서 이 모든 걸 감당하기 어려워 얼마 전부터 심리 상담을 시작했다. 하넬로레는 상담사에게 많은 것을 이야기했다. 가족이나 친구에게 부담을 주고 싶지 않았기에, 낯선 사람인 상담사에게는 훨씬 자유롭게 두려움과 어두운 생각을 털어놓을 수 있었다. 가족이나 친구와 달리 하넬로레가 상담사를 책임질 필요는 없었기 때문이다. 상담사 또한 자신이 해야 할 일을 잘 알고 있었다. 상담 치료는 해방감과 안정감을 주었고, 하넬로레는 큰 도움을 받았다고 느꼈다. 상담 시간은 오로지 자신만을 위한 시간이었다.

여름에는 손주들과 축구를 하면서 골문을 지켰지만, 이제 하넬로레는 운동을 하기가 힘들어졌다. 가끔 아주 가벼운 요가를 하는 정도는 괜찮았지만, 다른 운동을 하기에는 몸이 너무 약해졌다. 그녀는 점점 더 자주 낮잠을 잤다. 화학요법은 보름 전에 끝이 났다. 이 단계에서 화학요법은 도움이 되기보다 몸을 더 약하게 만들기 때문이다. 최근에는 엉덩이에도 통증이 생겼다. 의사는 말했다. "암이 뼈로 전이되었네요."

그해 겨울은 하넬로레에게 힘든 계절이었다. 그래도 가족과 함께 아름다운 크리스마스 파티를 했다. 하넬로레는 이번이 자신에게는 마지막 크리스마스가 되리라는 사실을 알고 있었고, 그 때문에 무척 힘들었다. 크리스마스 시즌은 1년 중 하넬로레가 가장 좋아하는 시기였지만, 이번에는 크리스마스 장식을 꾸미는 데도 함께하지 못했다. 대신 하넬로레는 연초부터 지금까지 1년 내내 찍었던 사진, 노르웨이로 가는 페리 티켓이나 큰 손주와 함께 갔던 축구 경기 티켓 같은 중요한 일들의 기억을 한데 모아 큰 앨범에 정리했다. 그녀는 앨범 표지에 이렇게 썼다. "나의 가장 아름다웠던 1년." 그 앨범은 가족에게 보내는 선물이었다.

"나를 기억하라고 주는 거야."

"당연하죠, 엄마. 우리는 엄마를 잊지 않아요!"

크리스마스 파티는 눈물바다가 됐지만, 커다란 슬픔 속에서도 많은 행복이 있었고 하넬로레는 이런 파티를 경험할 수 있는 시간이 허락되었다는 데 감사했다.

신년 전야 축제가 지나자 하넬로레는 더는 일어서지 못했다. 1년도 안 되어 그녀의 세계는 노르웨이 전체에서 2제곱미터 크기의 침대로 좁아졌다. 하넬로레의 자녀들은 환자용 침대를 마련했고 교대로 하넬로레를 돌봤다. 결코 쉽지 않은 일이었다.

"엄마, 혹시 호스피스에 대해서는 생각해 본 적 없어요?"

"나는 집에서 죽을 거야."

한 달 후 하넬로레는 한 호스피스 병동으로 옮겨졌다. 이제 그녀는 '임종 단계'에 들어섰다.

짐작과 달리 실제로 본 호스피스는 좋은 곳이었다. 그곳에는 규제가 적었고 많은 자유가 있었다. 방도 마음에 들었고, 가구를 가져오거나 그림을 걸 수도 있었다. 모두가 하넬로레에게 대단히 친절했고, 뭔가를 원하거나 요구하면 얻을 수 있었다. 그러나 요구는 점점 줄어들었다.

하넬로레의 손발은 점점 차가워졌고, 종종 푸른색을 띠기도 했다. "피가 몸 가운데로 모이고 있어." 하넬로레는 한 간병인이 다른 간병인에게 문 앞에서 하는 말을 들었다.

하넬로레는 자주 잠을 잤다. 깨어 있을 때는 늘 넋이 반쯤 빠져 있었다. 더는 냄새를 맡지 못했고, 공급받는 음식에서 어떤 맛도 느끼지 못했다. 식욕도 사라졌다. 뼈로 전이된 암세포 때문에 통증은 점점 더 심해졌고 하넬로레는 나날이 쇠약해졌다. 호스피스 봉사자들이 가끔 하넬로레가 좋아하는 오렌지주스를 얼린 조각을 가져다주었다. 하넬로레가 여전히 관심을 두는 것은 일관성과 온도였다. 이 두 가지 덕분에 그녀는 음식이 아직 맛있었던 옛 시절을 종종 떠올릴 수 있었다.

상담치료사는 이제 매일 하넬로레를 방문했다. 하넬로레는 상담치료사의 방문이 기뻤다. 누군가를 매일 찾아오는 일은 쉬운 일이 아니었지만, 치료사에게는 아무 문제가 아니었다. 두 사람은 자주 심원한 대화를 나누었고, 그 대화는 종말을 향해 있었다. 삶에서 무슨 일을 했나요? 후회되는 일은? 누구를 그리워하나요? 마무리 짓고 싶지만 아직 하지 못한 일이 있나요? 언제 가장 행복했었나요? 누가 당신을 가장 그리워할까요? 자녀와 손주들에게 원하는 게 있나요? 두 사람은 함께 가족 한 명 한 명에게 보내는 작별인사를 작성했다. 그 편지는 하넬로레가 죽은 후 가족들에게 전해질 것이다.

하넬로레의 삶은 아름다웠다. 그 삶을 지금 끝내야 한다는 건 달가운 일이 아니었다. 하지만 그녀의 삶이 아름답지 못했다면 죽음은 더더욱 좋지 않은 일일 것이다. 모든 순간이 즐겁지는 않았다. 모든 것이 완벽했나? 그렇지도 않다. 그녀의 삶은 완벽과는 거리가 멀었다. 그러나 모든 일이 결국 그러했듯이, 그녀는 대체로 매우 행복했다.

하넬로레를 이루고 있는 세포 가운데 다수는 이미 오래전부터 더 이상 분열하지 않았다. 모든 세포가 예전처럼 제 기능을 하지 못했다. 하넬로레의 몸은 최적의 상태를 유지하는 데 필요한 산소를 충분히 공급받지 못했다. 수십 년 동안 정교하게 유지되어 오던 호르몬과 세포, 신경전달물질 사이의 균형이 어긋났다. 하넬로레의 텔로미어는 이론적으로는 아직 충분히 길어 타고난 기대수명에 아직 도달하지 못했지만, 암 앞에서는 아무 소용이 없었다.

거의 매일 찾아왔던 상담치료사는 호스피스 병동에 입원한 지 2주째 되던 날부터 더 이상 방문하지 않았다. 하넬로레는 이제 아무것도 받아들일 수 없는 상태가 되었다. 전이된 암세포로 가득 찬 그녀의 간은 서서히 기능을 잃어 갔다. 독성물질이 잘 걸러지지 않았고, 혈중 암모니아 농도와 빌리루빈 수치가 증가했다. 그 때문에 하넬로레의 의식은 점점 더 흐릿해지면서 막다른 길과 같은 어둠의 세계에 빠져 있곤 했다. 하넬로레가 여전히 잘 감지해 낼 수 있는 자극은 촉각이었다. 하넬로레는 몽롱한 중에도 누군가 만지면 반응했다. 의사를 전달하고 싶으면 손가락을 썼다. 눈은 거의 감겨 있었다. 하넬로레는 시간 감각을 잃어버렸고, 아주 가끔씩만 말할 수 있는 상태가 되었다. 간병인들은 하넬로레가 의식을 잃어가고 있다고 말했다.

딸들은 이런 엄마의 모습을 보고 있는 게 고통스러웠다. 코로 숨을 쉴 수 없었기에 하넬로레의 입은 늘 열려 있었고, 호홉은 그렁거리는 소리를 냈다. 걱정을 불러오는 소리였다. 호흡 사이의 휴지기가 점점 길어지면서 '체인-스토크스 호흡Cheyne-Stokes breathing'을 하는 단계에 도달했다. 하넬로레는 처음 몇 번 깊은 호흡을 한 후 점점 얕은 숨을 내쉬다가 결국 숨을 멈추곤 했다. 그럴 때마다 딸들도 걱정 때문에 숨을 멈추곤 했다. 그러면 다시 깊은 호흡을 내쉬고는 이 모든 과정을 처음부터 반복했다.

"어머니에게 통증은 없을까요? 어머니한테 나쁜 일은 아니겠죠?"

"걱정 마세요. 좋은 약이 투입되고 있습니다. 이 단계에서 이런 호흡은 정상입니다."

죽어가는 과정은 힘든 일이다. 그러나 하넬로레는 잘 헤쳐가고 있었다. 그녀에게는 이 여정을 밟는 길 이외에 다른 선택이 없었다. 진통제는 효력이 있었고, 그 사이에 몸도 고통을 완화하는 신경전달물질을 내보내고 있었다.

"어머니 코가 너무 뾰족하고, 볼은 너무 홀쭉하네요."

"이 얼굴을 '히포크라테스의 얼굴'이라고 부릅니다.[43] 얼굴 근육이 늘어지기 때문에 이렇게 보이죠. 입과 눈 주위에 있는 피부도 완전히 하얗습니다. 보이시죠? 여기도 피가 잘 안 돌기 때문입니다."

"그렇군요."

"어머니 팔에 있는 얼룩도 보이죠. '묘지 장미'라고도 말하는 시반이 벌써 생겼네요. 이제 정말 얼마 남지 않았어요."

갑자기 하넬로레가 다시 눈을 떴다. 멍한 시선은 조각나 있었고, 어떤 목표도 없었다. 눈은 말라 있었다. 하넬로레는 숨을 깊이 들여 마셨고, 다시 눈을 감았다. 그리고는 한참이나 아무 일도 없었다. 하넬로레의 두 딸이 몸을 숙였다. 두 사람은 마침 호스피스 병실에 있었고, 막 집으로 가려던 참이었다. 하넬로레의 손이 움직였지만 아무것도 잡지 않았다. 몇 번의 얕은 호흡이 있었고, 다시 긴 휴지기가 이어졌다. 다시 깊은 호흡. 다시 휴지기. 딸들은 기다렸다. 그러나 호흡은 다시 이어지지 않았다.

하넬로레는 죽었다.

좋은 죽음을 맞이하는 법

죽음의 과정이 진행되는 방식은 엄청나게 다양하다. 하넬로레 이야기는 가능성 있는 과정 가운데 하나를 보여 주는 예시에 불과하다. 사실 한 가지 죽음의 과정을 사례나 모형으로 제시하는 건 적절하지 않다. 죽음의 과정에서 너무 많은 변수가 함께 작용하기 때문이다. 아이가 태어날 때 모습이나 방법이 모두 다르듯, 우리가 죽는 과정 또한 표준화되지 않는다. 비록 당신이 하넬로레와 같은 체형과 나이에 두 명의 아이를 낳은 여성이더라도, 그리고 하넬로레와 같은 진단을 받고 같은 어려움을 겪는다 해도, 당신은 아마 하넬로레와는 다른 죽음의 과정을 거칠 것이다. 당신은 질식사할 수도 있고, 심장 박동이 갑자기 멈출 수도 있다. 하넬로레처럼 간이 아니라 신장이 먼저 작동을 멈출 수도 있다.

이렇게나 죽음의 개별성을 강조하는 이유는, 하넬로레의 사례를 읽고 '사람'이 어떻게 죽는지 안다고 확신해서는 안 되기 때문이다. 내일 버스가 나를 덮친다면 나는 완전히 다른 방식으로 죽게 될 것이다. 목이 말라 죽게 된다면 이 죽음은 완전히 새로운 시나리오로 전개되면서 아예 다른 느낌을 줄 것이다. 하지만 우리는 죽음의 진행을 예측할 수 있도록 과정을 표준화하기를 원한다. 예를 들면 이런 식이다. 진단 결과를 알려 주는 의사에게 "그러면 나는 어떻게 죽게 되나요?"라고 질문하면, 의사는 플립차트를 넘기면서 지시봉을 휘두르며 죽음의 순서를 설명해 준다. 첫째, 둘째, 셋째 등등. 마치 그런 질문이 날아올 줄 이미 알고 있었으며, 이를 설명할 모든 준비를 마친 사람처럼 말이다. 그리고 정확히 의사의 설명대로 죽음이 진행되는 것이다. 하지만 이런 일은 일어나지 않을 것이다.

무언가(죽음)가 온다는 건 알지만, 어떻게(죽음의 과정) 올지 모르는 상황은 유쾌하지 않은 감정과 두려움을 불러온다. 이 모든 것이 죽음에 대한 준비를 어렵고 불가능하게 만든다. 그러나 인간은 죽을 운명이며, 이를 피하지 못하리라는 생각에 익숙해질 수는 있다. 이 일이 모두에게 일어난다는 사실, 다른 사람은 모두 계속 타고 가는 버스에서 혼자 떠밀리는 게 아니라 우리 모두에게 똑같이 닥치는 일이라는 사실에도 말이다. 당신의 임종을 지키는 가족과 친구들도 마찬가지다. 당신이 혹시 저승을 믿는다면, 이 또한 불안을 진정시켜 주는 생각이다. 나는 비록 무신론자이지만, 죽음을 앞에 두고 언젠가 그들도 자신을 따라올 거라고 믿을 수 있다면 그 또한 아름답다는 생각이 든다. 그러나 이 모든 일이 준비되기 전에 우리는 이 시간을 가능한 한 멀리 늦추기 위해, 될 수 있으면 오랫동안 즐겁고 행복한 생활을 하기 위해 몸과 정신을 건강한 상태로 돌볼 수도 있을 것이다.

죽음의 과정이 끝난 후, 즉 의학적 죽음 단계에 들어선 후에 무슨 일이 생기는지 경험의 영역에서는 더 이상 알 수가 없다. 생명의 불꽃이 꺼진 후 하넬로레가 무엇을 경험했는지 우리는 알지 못한다. 죽음 후에도 뇌가 다시 한번 마지막 불꽃을 점화한다고, 다시 한번 어떻게든 남은 모든 것을 신경 전달 물질에 쏟아 붓는다고 주장하는 이론도 있다. 아마도 죽음에 대한 사람들의 주의력을 높이기 위해, 혹은 죽음의 당사자에게 방금 무슨 일이 일어났는지 이해시키고자 일종의 경고신호를 주기 위해,[44] 이 이해할 수 없는 일 앞에서 영혼을 안심시키기 위해 그럴 것이다. 사람들은 죽음을 모른다. 하넬로레는 무슨 일이 일어나고 어떤 느낌인지 더 이상 말하지 못한다. 재키도 수면 중에 죽음을 맞는 게 어땠는지 내게 말하지 못했다. 헤르미네도 수의사의 검사대 위에서 목숨을 잃는 일이 어떤 느낌이었는지 내게 알려 주지 못했다. 한편으로, 그들은 햄스터이므로 내가 쓰는 언어에 능통하지 못했기 때문이다. 다른 한편으로, 그들은 사라졌기 때문이다.

제5장

죽음은 완벽한 끝일까

죽음 이후에 오는 것

우리가 죽음을 맞이하면 최소한 개체로서의 인격은 사라진다. 그러나 한 가지는 확실하게 남는다. 바로 죽은 육체다. 헤르미네는 한동안 냉동실에 누워 있었고, 어느 정도 시간이 지나자 나는 헤르미네에게 마지막 안식을 제공해 줄 때가 되었다고 생각했다. 헤르미네는 내 친구의 큰 정원에 마지막 안식처를 얻었고, 그 뒤에 헤르미네의 사체에 무슨 일이 일어났는지 나는 정확히 모른다. 헤르미네와 함께 묻히지는 않았기 때문이다. 그러나 사체에서 무슨 일이 생기는지는 충분히 배웠다. 특히 숲이나 풍성한 정원에 사체가 있을 때 생기는 일에 대해서는 이미 정보가 많다. 이런 정보를 기초로 죽음 이후 일어나는 일을 함께 찬찬히 탐색해 보려고 한다. 논의의 편의를 위해, 헤르미네가 숲에서 죽었고 그 숲 땅 위에 누워 있다고 생각해 보자.

헤르미네가 분해되기까지

공기가 잘 통하는 곳에서 사체는 매우 빨리 분해된다. 물속에 있는 사체는 기온과 환경에 따라 분해 시간이 두 배 정도 더 걸리기도 한다. 물속은 보통 공기 중보다 차고, 온도가 낮을수록 사체는 더 천천히 분해되기 때문이다. 또한 물속에는 숲과는 완전히 다른 동물군이 존재하며, 낮은 산소 함유량도 분해 속도를 늦추는 데 한몫 한다. 만약 내가 헤르미네를 땅속 깊이 묻었다면, 완전히 분해되는 데 걸리는 시간은 땅 위에 그냥 두었을 때보다 거의 열 배 정도 더 걸렸을 것이다. 그 이유는 물속에 있을 때와 비슷하다.

과거에 사람들은 시체가 유독 가스를 뿜어낸다고 믿었기에 공동묘지를 언덕이나 다른 높은 지대에 만들곤 했다. 그럼으로써 도시가 시체 가스에 오염되는 일을 피하려고 했고, 바람이 그 유독 가스를 날려 버리기를 바랐다. 옛날 사람들은 이 시체에서 나오는 가스가 질병을 옮길 수 있다고 믿었다. 당시 사람들은 박테리아, 바이러스, 균류 포자의 존재와 기능을 전혀 몰랐기 때문이다. 19세기에도 여전히 사람들은 '시체 독' 때문에 질병이 생긴다고 믿었다. 당시에는 수술대 위에서 부검을 하는 게 평범한 일이었다. 안타깝게도 19세기 내내 대부분의 의사가 손 씻기와 살균을 신뢰할 수 없는 속임수로 여겼고, 그래서 시체 해부가 끝난 다음 재빨리 탁자 위의 끈적거림을 제거하고 앞치마로 손을 한 번 훔친 후 제왕절개 수술을 집도했다. 환자가 죽으면? 그건 시체 독 프토마인ptomaine 때문이거나,[45] 그냥 운이 나빴기 때문이다.

사람들이 사체의 분해 과정과 그 과정에서 생겨나는 물질을 제대로 이해하기까지는 시간이 꽤 걸렸다. 사체 분해 과정에서 가스가 만들어지기는 하지만, 이 가스는 예전 사람들이 믿었던 것처럼 위험한 '질병을 일으키는' 가스와는 관계가 없다. 다만 암모니아 같은 가스는 깊이 들이마시면 심각한 독성 작용을 하기도 한다. 사체가 분해될 때 '카다베린'이라고 불리는 1,5-디아미노펜탄 가스도 생성되는데, 달짝지근하고 썩은 시체 냄새의 대부분을 이 가스가 만든다. 아마 우리 모두 이 가스 냄새에 어느 정도 익숙할 것이다. 여름에 가끔 수풀 옆이나 쓰레기장 옆을 지날 때 그곳에 무언가가 죽어 있음을 금방 알아차리는 것도 이 가스 때문이다. 재미있는 사실 하나. 이 물질은 정액에서도 나오며 여기서는 방어체계를 지원한다. 이렇게 삶과 죽음은 서로 가까이 놓여 있다.

헤르미네는 아직 이 정도로 부패될 준비가 되지 않았다. 헤르미네는 막 그 시작 단계에 들어섰을 뿐이고, 이제 처음으로 바깥바람을 맞는다. 죽었다고 바로 모든 것이 멈추지는 않는다. 죽음의 단계에 진입하면 사체의 자가분해 autolysis 가 시작된다. 모든 동물들이 그렇듯 헤르미네 역시 살아 있을 때부터 자기 몸을 다른 많은 내부 거주자들과 공유한다. 이들은 머무르고 있는 몸의 생리작용이 중단되어도 바로 활동을 중단하지 않는다. 그래서 이 작은 햄스터의 몸에서는 효소 작용이 계속 진행된다.

앞에서 언급했던 세포의 발전소라는 미토콘드리아를 기억하는가? 이제 세포 안에 있는 이 작은 구성물 내부에서 '베타 산화'라고 부르는 과정이 시작되는데, 베타 산화란 효소의 촉매 작용으로 인해 지방산이 단계적으로 분해되는 과정을 말한다. 다른 효소의 활동도 바로 중단되지 않는다. 포도당을 분해하는 포도당분해과정 Glycolysis 도 계속 진행되고 단백질 또한 분해되는데, 이런 과정들이 진행되는 동안 헤르미네의 pH 값은 여전히 산성이다. 앞서 세포 그림과 함께 살펴보았듯이, 리소좀은 외부에서 들어오는 이물질을 분해하여 소화하고, 세포자살을 담당한다. 사체에서는 이 리소좀의 막에 투과성이 생긴다. 이제 이 작은 구슬 안에 있던 소화액이 프로테아제 효소와 함께 헤르미네의 세포 내부로 흘러 들어간다.

단백질 분해효소인 프로테아제는 본래 외부의 이물을 분해하는 역할을 하지만 이제 방향을 완전히 바꾸어 자기 앞에 있는 모든 것을 분해한다. 그러지 말아야 할 이유가 있을까? 이 효소는 이제 자유이며, 누구도 이 효소를 막을 수 없다. 지금이 아니면 기회가 없다! 마구잡이로 분해하는 프로테아제는 헤르미네 몸에 있는 세포막에 구멍을 낸다. 몸 안에 있는 세포의 위치와 형태를 잡아 주던 세포막이 뚫리면서 세포의 구조는 불안정해지고, 자기 자리를 지키던 기관들이 이리저리 흘러내린다. 이렇게 헤르미네는 내부에서부터 액체로 변한다.

작디작은 세포 안에서 일어나는 과정 외에도 헤르미네를 분해하는 요소는 많다. 헤르미네의 사체에 관심이 있는 또 다른 내부 집단이 있는데, 이들은 지금 무정부 상태에 빠져 있다. 헤르미네가 살아 있을 때는 면역계가 몸 안에 있는 균류와 장 박테리아를 잘 통제하고 있었다. 탈출 시도는 용납되지 않았고, 박테리아에게는 해야 할 일만이 허락되었다. 음식물이 들어오면 소화시키고 그렇지 않을 때에는 얌전히 있어야만 했다. 그러

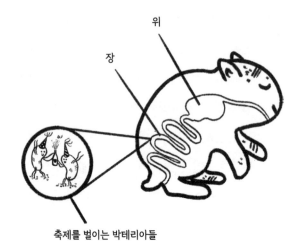

장

위

축제를 벌이는 박테리아들

부패가 진행되는 헤르미네의 사체

나 지금은 모든 게 달라졌다. 박테리아를 힘들게 하던 헤르미네의 까다로운 면역세포들은 이제 없다. 자가분해 때문에 위장벽은 투과성이 생겼고, 장에 있던 미생물들은 자유를 얻었다. 미생물들은 흥분했고, 탐험가가 되었다. 작은 배낭을 메고 지금까지 그들 중 누구도 가보지 못했던 곳으로 탈출할 준비가 끝났다. 뇌에서부터 폐까지, 혹은 그 이상이라도. 이제 경계는 없다. 모든 것이 가능한 햄스터의 세계다!

앞에 언급된 대부분의 과정은 산소가 없는 상태에서 진행되며 '부패'라는 개념으로 종합된다. 부패라는 단어에서는 필연적으로 냄새가 떠오르는데, 이 냄새의 핵심은 카다베린이다. 부패가 계속되면서 여러 가스가 만들어지는데, 예전에는 이 가스들이 질병의 근원이라는 의심을 받았다. 메탄, 이산화탄소, 질소, 수소, 황화수소, 암모니아가 생성되면서 헤르미네는 부풀어오르고, 가죽이 없었다면 녹색으로 보일 것이다. 이제 헤르미네의 몸 안은 완전 무법천지가 된다. 미생물들은 즐거운 폴로네즈 춤 파티를 벌이며 장, 폐 조직, 혈관, 피부 속을 돌아다닌다. 목표는 헤르미네의 뇌다. 달갑지 않은 방문으로부터 신체 기관을 보호해 주는 혈액뇌장벽 Blood-Brain Barrier 은 더 이상 없다.

이러한 분해 과정이 계속되면서 헤르미네의 체온은 조금 올라가고, 체온의 상승 때문에 다시 헤르미네 안에서 더 많은 일이 일어난다. 높은 온도를 좋아하는 효소, 높은 온도에서 활성화되는 효소들이 체온의 상승에 큰 관심을 보이며 휴식을 끝내고 다시 한번 제대로 일을 벌인다. 지금까지 견고하게 형태를 유지하고 있던 것들이 분해되고 옮겨진다. 자가분해는 속도를 높여 지금까지 주로 박테리아와 균류가 진행하던 분해과정을 도와준다. 헤르미네는 이제 부패액이 가득 찬 피부조직, 뼈조직, 결합조직의 덩어리에 불과하다. 이 부패액 속에는 단백질 잔유물, 지방, 지방산이 떠다닌다. 세포조직들이 굴복할 때까지 부패액과 가스가 사체에 가하는 압력이 점점 커진다. 구멍이 생겨나고, 가스와 액체가 이 구멍으로 빠져나온다. 결국 헤르미네는 썩은 냄새를 풍기면서 흐물흐물해진다.

다이너마이트로 고래 시체를 폭파한 이유

헤르미네처럼 작은 동물 사체가 부패하며 발생하는 체내 압력은 엄청난 문제가 되지는 않는다. 이보다 조금 더 큰 동물인 인간의 시체가 가스로 부풀어 오르면 '약간' 문제가 된다. 하지만 사체가 대단히 크다면 진짜 문제가 될 수도 있다. 이 '대단히' 큰 사체 문제와 관련된 일화를 하나 살펴보자.

혹시 고래 폭발이라는 말을 들어본 적이 있는가? 고래가 폭발했다는 말은 너무 터무니없이 들려서 사람들은 보통 이 이야기를 들으면 그저 꾸며 낸 이야기일 뿐, 고래가 정말로 폭발할 리는 없다고 생각한다. 하지만 놀랍게도 이는 실제로 발생했던 사건이다.

향유고래 수컷의 길이는 20미터가 넘고 무게는 50톤에 달한다. 이 수치는 대략 평균치이고 심지어 더 큰 사례들도 있지만, 이 정도 크기로 이미 충분하다. 암컷은 약간 작아서 최대 길이 12미터에, 무게는 15톤까지 나간다. 만약 이렇게 거대한 고래의 사체가 해변으로 밀려온다면 이는 결코 간단한 문제가 아니다. 특히 그 해변이 주거지나 해수욕장처럼 사람이 많이 이용하는 지역에 있으면 더더욱 그렇다. 이때 발생하는 문제는 명확하다. 작은 헤르미네와 마찬가지로 향유고래 사체도 부패하고 부패 가스는 결국 밖으로 나오려고 한다. 다만 그 부패와 방출의 규모가 남다를 뿐이다.

2004년, 향유고래 한 마리가 타이완의 남서해안으로 떠내려 왔다. 배의 스크루로 인해 척추를 다쳤기 때문이다. 고래는 아직 살아 있었지만, 힘없이 해변으로 밀려와 누워 있었고 곧 숨이 끊어졌다. 한 대학이 연구를 위해 고래 사체를 운반하려고 했다. 고래를 트레일러 위에 올리는 데에만 13시간이 걸렸고, 거대한 크레인 세 대와 쉰 명이 넘는 일꾼이 동원되었다. 이 작업은 굉장한 볼거리였다. 수백 명의 사람이 모였으며 노점상들이 자리를 잡았다. 흡사 축제 같았다. 고래를 실은 트레일러는 연구를 위해 야생동물 보호구역으로 출발했다. 그러나 트레일러가 타이난시 도심을 통과할 때 사건이 일어났다. 도시 한가운데에서 썩은 고래가 폭발한 것이다. 며칠 동안 냄새나는 끈적한 부패액이 집과 자동차, 사람들을 덮었다.[46]

결론적으로, 고래 폭발은 절대 유쾌한 일이 아니었다.

이런 엄청난 일이 늘 실수 때문에 일어나는 건 아니다. 가끔씩 고래 사체는 의도적으로 폭파당하기도 한다. 그것도 제대로 된 다이너마이트로. 물론 오늘날에는 그런 일이 자주 일어나지 않는다. 고래를 폭파했을 때 무슨 일이 생길지 정확하게 예측하기가 쉽지 않다는 사실을 알게 되었기 때문이다.

1970년 미국 오리건주에서 있었던 고래 폭발이 대표적인 사례다.[47] 길이 14미터, 몸무게 약 7.5톤의 향유고래가 오리건주의 해변으로 밀려왔다. 이 고래를 어떻게 할지를 두고 토론을 하던 중 누군가가 이런 생각을 했다. "들어 보세요. 다이너마이트로 고래를 터뜨리면 작은 조각으로 나뉘어 사방으로 퍼질 테고, 그럼 사체를 먹는 새와 동물이 그 조각을 치워 줄 겁니다."

이는 대단히 합리적인 생각처럼 들렸다. 하지만 이 업무를 위임받은 기술자는 고래를 폭파하는 데 필요한 다이너마이트의 양을 계산하는 데 어려움을 겪었다. 고래를 폭파하는 일은 지금까지 발생할 가능성이 거의 없던 일이었으므로, 이에 대한 경험 역시 존재하지 않았다. 심지어 당시 이 일을 위임받은 기술자는 대리인에 불과했다. 훨씬 숙련된 선임자는 하필 사냥 여행 중이어서 그의 부하 직원이 혼자 일을 맡게 되었던 것이다. 이 기술자는 이맛살을 찌푸리며 계산하고 예측하고 숙고한 뒤 이렇게 결론 내렸다. "여러분, 우리는 다이너마이트 450킬로그램이 필요합니다!" 그리고 사람들은 이 엄청난 양의 다이너마이트를 설치했다. 진짜 많은 양이었다. 폭발물 교육을 제대로 받았던 한 전직 군인이 이 소식을 듣고 이렇게 말했다. "여러분, 제발 진정하세요. 다이너마이트 4킬로그램이면 충분합니다!" 안타깝게도 그의 말은 무시당했다.

고래가 해변에 밀려온 지 사흘 뒤 폭탄을 점화했고, 누군가가 이 장면을 촬영했다. 폭발은 실로 엄청났다. 고래 조각들은 해변에서 수백 미터 떨어진 주변 지역으로 날아가 건물 안팎에 떨어졌고, 해변에 세워 두었던 전직 군인 폭약 전문가의 멋진 새 차도 거대한 고래 조각에 파묻혔다(나도 정말 궁금하다. 그는 왜 거기 주차를 했을까?). 그 결과는 차량 전체 파손이었다.

물론 고래도 어느 정도 쪼개지기는 했지만, 쪼개진 조각조차도 너무 거대해서 청소동물들이 먹기에는 너무 컸다. 사실 크기는 중요하지 않았을 것이다. 폭발 때문에 그 후 며칠 동안 해변에 짐승들이 얼씬도 하지 않았기 때문이다. 대단한 일이었다고 밖에 말할 수 없겠다.

오늘날에는 해변으로 밀려온 고래를 다른 방식으로 처리한다. 고래 사체는 발견된 곳에 묻어야 한다는 규정이 있는 나라도 있다. 만약 고래가 떠내려온 곳이 관광지 해변이면, 다른 곳으로 옮겨 묻는다. 독일에서 동물의 사체는 보통 폐기물로 처리되어, 사체는 동물처리소에서 사료나 기름으로 가공된다.

이제 다시 헤르미네로 돌아가자.

청소동물의 선구자, 검정파리

앞에서 언급했듯이, 헤르미네 내부에서 일어나는 부패는 산소 없이 진행되는 혐기성 과정이다. 그러나 외부에서의 부패 과정은 산소의 공급과 함께 되는 호기성 과정이다. 내부에서와 마찬가지로 외부에서도 박테리아와 균류가 작은 헤르미네를 갉아 먹는다. 하지만 이들은 헤르미네 내부에 있는 효소나 미생물과 달리, 분해 작업을 할 때 산소가 필요하다. 호기성 부패는 보통 혐기성 부패보다 빠르게 진행되는데, 산소가 분해의 '촉매제', 즉 가속제 역할을 하기 때문이다. 이 과정의 끝에는 주로 이산화탄소, 물, 요소, 인산염이 나온다. 내부의 혐기성 부패와 달리 외부의 분해 작업에는 박테리아, 바이러스 그리고 미생물계의 작은 파괴자들 외에도 많은 이들이 참가한다. 숲에 헤르미네만 있는 게 아니기 때문이다.

헤르미네 근처에서 암컷 검정파리 한 마리가 집을 구하고 있다. 가능하다면 부엌과 욕실이 있는 방 세 개짜리 집이면 아주 좋겠다. 아이들은 많은 공간이 필요하기 때문이다. 넓고 썩은 음식이 많은 발코니 있는 집이면 더 바랄 것이 없을 것이다. 그러다 갑자기 암컷 검정파리의 안테나에 냄새가 감지되었다. 헤르미네의 '냄새'를 맡은 것이다! 죽음의 문턱을 넘어선 후 15분이 지나면 냄새가 발생한다. 암컷 검정파리 여럿이 이 작은 사체로 들어와 빠르게 임대계약서에 서명한 후 열쇠를 받아 알을 낳기 시작한다. 특히 검정파리 암컷들은 부드럽고 습한 곳을 선호한다.

그러나 방문객은 검정파리뿐만이 아니다. 파리 종류는 평범한 사람들이 쉬이 상상할 수 없을 정도로 많다. 검정파리, 집

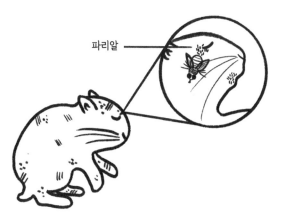

파리알

첫 번째로 입주하는 검정파리 암컷

파리, 꽃등에, 초파리 같은 파리종들을 하나로 뭉뚱그려 그냥 파리라고 부른다. 방 가운데를 미친 것처럼 윙윙거리며 날아다니거나 계속해서 유리창에 부딪혀 소음을 만드는 경우를 제외하면, 파리는 우리가 일상에서 거의 관심을 두지 않는 동물이다. 만약 파리가 우리 일상에 끼어들어 엄청나게 신경이 쓰인다면, 우리는 당황하면서 바로 옆에 있는 창문을 열어 파리를 내보내려고 시도한다.

조금 이상하게 생각될지도 모르지만, 나는 자발적으로 금파리와 함께 산다. 왜냐하면 금파리를 즐겨 먹는 거미들을 데리고 있기 때문이다. 한 번은 금파리 한 마리가 채찍거미 네 마리가 사는 테라리움에서 날개 하나가 잘린 채로 엿새를 견뎌 낸 적이 있었다. 나는 이 저항력에 존경을 표하면서 그 파리를 다시 테라리움에서 끄집어내 시럽을 대접한 후 자유의 공기를 만 끽할 수 있도록, 어느 따뜻한 여름날의 공중으로 풀어 주었다.

숲에 묻힌 헤르미네와 관계를 맺는 이들을 알아보려면 파리의 종류를 더 자세히 알아보아야 한다. 나는 파리의 종류를 좀 더 상세하게 살펴보려고 하는데, 파리들이 이 분해 과정에 대단히 크게 기여하기 때문이다. 음… 일단은 이 외부 동물들의 참여를 '장례'라고 부르기로 하자.

파리는 쌍시목雙翅目에 속한다. 너무 어려운 말이 나왔다고 놀라지 말길 바란다. 이 말은 날개가 두 개, 즉 한 쌍이라는 의미다. 벌이나 말벌 같은 곤충과 달리 파리는 한 쌍의 날개만 갖고 있다. 모기 또한 쌍시목에 속한다. 한편, 한 쌍의 날개라는 특징에서 쌍시목을 가리키는 학명인 '디프테라Diptera'도 나왔다. '디Di'는 '2'를 뜻하는 라틴어 단어에서 왔고, '프테라-ptera'는 라틴어 단어 '날개'에서 나왔다. 진화 과정에서 두 번째 날개 쌍은 퇴화하여 평균곤 한 쌍이 되었다. 평균곤은 비행할 때 균형을 잡아주는 역할을 하고, 추가로 신경을 거스르는 윙윙거리는 소리도 만들어 우리를 미치게 한다. 뭐 좋다. 두 번째 문제는 우연히 생긴 부작용이고, 비행 조정이 훨씬 중요하니까. 평균곤이 하나뿐인 불쌍한 파리는 같은 곳을 계속 맴돌기만 한다.

파리는 주둥이가 있는데, 이 주둥이는 핥고 빠는 입에 속한다. 주변에서 윙윙대는 파리 때문에 신경이 날카로워졌던 적이 있다면, 틀림없이 파리가 케이크 조각에 앉자마자 바로 탐욕스럽게 크림에 주둥이를 박고 빨아대는 광경을 본 적이 있을 것이다. 이 주둥이 구조 때문에 파리는 먹이를 시체나 배설물에서 찾는데, 이에 대해서는 나중에 좀 더 알아볼 것이다.

파리는 엄청나게 빠를 뿐만 아니라 운동 자극에 대단히 민첩하게 반응한다. 파리의 만행을 견디다 못해 신문지를 말아 살금살금 다가갈 무렵이면, 파리는 이미 오래전에 겹눈으로 당신을 발견하고 벌써 그 자리를 떠난 뒤일 것이다. 겹눈 구조는 이럴 때 매우 유용하다. 빠르게 움직일 때 겹눈은 한꺼번에 여러 그림을 만드는데, 파리는 초당 약 300개의 개별 그림을 인지하고 처리할 수 있다. 참고로 우리 인간은 초당 60장 정도의 그림만 처리할 수 있으며, 이를 넘어서는 일은 우리에게 과부하를 준다. 말하자면 파리는 모든 움직임을 슬로우 비디오로 만들어 훨씬 자세하게 감지한다. 신문지가 덮쳐올 때 파리는 이 모든 움직임을 느리게 만들어 보면서 대담하고 정확하게 반응할 수 있게 된다. 진정한 초능력이다! 그렇게 파리는 재빨리 우리 곁에서 벗어나 천장에 앉은 후 먼저 자기 몸을 닦는다.

왜 파리들은 그렇게 자기 몸을 열심히 청소하는 걸까? 실제로 모든 파리는 똑같은 청소 의례를 한다. 이 청소법은 수많은, 진짜 '수많은' 파리 세대를 내려온 진화가 완성한 안무이며, 몸 전체를 먼지와 그 밖의 특별한 오물에서 자유롭게 해주는 방

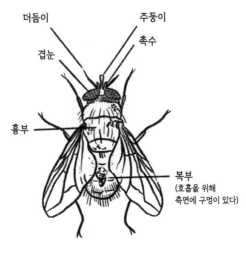

파리의 신체 구조

법이다. 파리는 앞다리로 머리를 깨끗하게 만드는데, 특별히 겹
눈을 청결히 유지하는 데 큰 관심을 둔다. 겹눈이 결국 파리의
생명보험이기 때문이다. 배 부분과 날개는 뒷다리로 청소하는
데, 날개 또한 매우 중요하다. 위험을 보더라도 먼지 낀 날개 때
문에 제대로 날지 못한다면 무슨 소용이겠는가? 이제 다리 청
소가 남았다. 다리 청소는 우리 인간의 손 씻기와 다르지 않다.
파리는 두 다리를 부지런히 비빈다. 이럴 때의 모습은 마치 끔
찍한 계획을 세우고 있는 작은 악당처럼 보인다. 파리도 우리처
럼 손을 제대로 깨끗하게 씻기 위해 '생일 축하 노래'를 두 번 웅
웅거리는지, 그건 나도 아직까지 알지 못한다.

이 청소 의례를 하는 중요한 이유가 하나 더 있다. 곤충은 우리처럼 입과 코를 통해 숨을 쉬지 않는다. 파리는 햄스터와 달리 허파가 없다. 곤충은 기관지trachea라 부르는 완벽한 배관 체계를 통해 호흡한다. 파리의 몸 안에는 이 기관지가 수도관처럼 서로 연결되어 있고 파리의 측면에 그 관과 이어지는 구멍이 있다. 몸 안에 깨끗한 공기가 잘 돌기 위해서 파리는 당연히 이 구멍을 늘 깨끗하게 유지해야 한다. 누가 호흡할 때 먼지를 마시고 싶겠는가?

파리에 대한 일반 지식을 쌓았으니, 이제 사체의 분해에서 아주 중요한 역할을 하는 유명한 파리 하나를 소개하려고 한다. 바로 앞에서도 잠깐 언급했던 검정파리과 파리다.

검정파리, 혹은 유식하게 '알리포리데alliphoridae'라고 부르는 이들은 시체처리의 대가다. 검정파리는 이미 말했듯이 개별 종들이 합쳐져 있는 과이다. 독일에만 검정파리가 45종이나 존재하며, 세계적으로 약 1,000여 종이 있다. 다시 말해 우리가 보는 검정파리는 모두 같은 검정파리가 아니다! 그래도 대부분의 사람은 검정파리를 알아볼 수 있다. 특유의 몸 색깔 때문이다. 검정파리의 몸은 대체로 청색 혹은 녹색의 금속같은 광택을 띠고, 가끔 황금빛 가루가 뿌려져 있다.

검정파리는 시체에 가장 먼저 도착하는 개척자이며, 법의학자들이 사망 시각을 추정하는 데 중요한 단서를 제공한다. 법의학자들은 시체를 발견하면 가장 먼저 이 검정파리의 발달 단계를 살핀다. '장례식 식사'에 가장 먼저 등장하는 동물로, 그 발달 단계가 상세히 연구된 곤충이기 때문이다. 이 관찰의 도움을 받아 시체가 얼마나 오랫동안 놓여 있었는지 추측할 수 있다. 법의학에서 자주 등장하는 손님들은 구리금파리 Lucilia sericata 와 붉은뺨검정파리 Calliphora vicina 인데, 두 종 모두 우리 들판에서도 흔하게 볼 수 있다. 특히 붉은뺨검정파리종이 속한 검정파리속 Calliphora 은 법의학 분야에서 매우 유명하다. 검정파리속 파리들의 몸은 청색 금속광택을 내며 다른 속에 비해 몸집이 크다.

아기 검정파리는 냄새가 많이 나고 단백질이 풍부한 곳에서 자란다. 만약 암컷이 이런 곳을 찾지 못하면, '알 막힘' 상태에 빠져 알을 다시 몸 안으로 거둔다. 그러나 애벌레는 부화까지 자신만의 계획표가 있어서 이미 알 안에서 발달을 시작한다. 전형적인 능력사회다! 엄마 검정파리가 마침내 알을 낳기에 적당한 장소를 찾아 알을 낳으면, 그 알들은 얼마 되지 않아 부화할 수 있다. 이 모습을 보고 파리는 새끼를 낳는다고 여기는 사람도 많은데, 그렇지 않다.

가족을 만들기에 매력적인 장소를 고르기 위해, 엄마 파리들은 유기물이 부패할 때 발생하는 냄새를 찾는다. 우리는 이 냄새를 좋아하지 않지만, 검정파리에게는 엄청나게 매력적이고 입맛을 돌게 하는 냄새다. 부패 생성물을 인지하는 일은 더

듬이에 있는 특별한 수용세포가 맡는다. 이 세포들은 대단히 민감하여 한 생명체가 죽었을 때 변화하는 날숨의 합성물에서도 냄새를 맡을 수 있다. 파리는 이런 냄새를 15킬로미터 떨어진 곳에서도 감지할 수 있다. 대단히 놀라운 능력이다.

엄마 파리가 헤르미네의 입, 눈 그리고 신체의 다른 구멍에 알을 낳으면, 곧 구더기들이 부화한다. 많은 사람이 이 아기 파리를 역겨워한다. 그러나 나는 나와 내 친구들의 아기 때 모습을 사진을 통해 안다. 우리는 다른 생물의 아기들을 그렇게 경멸적으로 대해서는 안 된다.

구더기는 알에서 나와 세상에 태어나자마자 무엇이든 먹어 치우기 시작하고, 이 식탐을 멈추지 않는다. 한창 자랄 나이

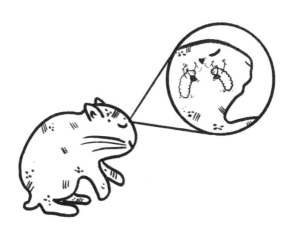

헤르미네에게서 부화하는 아기 파리

의 인간 아이들과 마찬가지다. 여기서 중요한 점은, 아기 파리들에게 외부환경이 잘 맞아야 한다는 점이다. 구더기에게 가장 편안한 환경은 습하고 따뜻하며 태양 빛에 직접 노출되지 않는 곳이다. 구더기들은 외부환경에 대단히 민감한데, 피부가 너무 얇아 환경이 급격하게 변하면 몸을 잘 보호할 수 없기 때문이다. 이 피부막은 호흡에도 관여한다. 우리 인간의 경우 건조한 피부는 그저 긴장되어 보이고 약간 늙어 보이게 할 뿐이지만, 구더기에게는 삶과 죽음이 달린 문제다. 피부가 제때 다시 습해지지 않으면 질식사할 수도 있기 때문이다.

일부 파리종과 구더기는 '외부 소화'라는 영양 섭취 기술을 갖고 있는데, 이 말은 음식물을 신체 내부가 아닌 외부에서 소화한다는 뜻이다. 구더기들은 음식에 먼저 소화액을 뿌린 다음 소화가 진행되어 액체 상태로 변한 음식을 섭취한다. 낯설고 특이해 보이는 방법이지만, 어쩌면 우리는 이 방법에서 새로운 레스토랑에서 선보일 음식에 대한 아이디어를 찾을 수도 있을 것이다. 구더기는 이 기술을 반드시 사용해야만 한다. 종에 따라 다르기는 하지만 대부분의 파리는 첫 번째 구더기 단계에서 제대로 된 입을 갖추지 못하기 때문이다. 아무것도 씹을 수 없는 구더기는 음식을 섭취할 다른 변칙적인 방법이 필요하며, 이 방법을 이용하여 직접 스무디를 생산할 수 있다. 사람도 크게 다르지 않다. 다만 구더기는 젖병을 줄 보호자가 없을 뿐이다. 파리 애벌레는 처음부터 혼자서 이 일을 해낸다.

세 번의 발달 단계를 거치면 구더기가 번데기로 탈바꿈할 시간이 온다. 번데기는 바닥을 돌아다니거나 계속 집에만 머물기도 하는데, 종에 따라 선호하는 방식이 다르다. 시간이 지나면 번데기는 껍질을 벗고 완전히 발달한 성충이 된다. 완전히 자란 파리는 가족을 구성하기 위해 각자의 길을 떠난다.

조금 역겹게 느껴질 수도 있겠지만, 검정파리 구더기가 썩은 고기를 특별히 좋아한다는 사실이 때로는 인간에게 유용할 수도 있다. 가령 구리금파리의 구더기는 괴사한 세포 덩어리를 아주 좋아한다. 이를 눈여겨본 의사들이 구리금파리 유치원생을 환자의 살이 괴사한 상처 부위에 투입하자, 이들은 상처를 깨끗하게 먹어 치우면서 패혈증을 막아 주었다.[48]

그러나 검정파리가 언제나 이렇게 유용한 것만은 아니다. 입에 올리기 난처하긴 하지만, 검정파리는 배설물과 부패한 사체를 많이 돌아다니므로 질병을 옮길 가능성이 있다. 특히 우리 인간들의 주거지 근처에 즐겨 머무는 파리종은 문제가 될 수 있다. 나의 파리 상자에 살고 있는 구리금파리도 그 중 하나다. 구리금파리 한 마리가 밖에서 날아와 내가 먹는 음식 위에 앉는다면 어떤 박테리아나 바이러스 혹은 균류 포자를 옮겨와 내 건강을 위협할지 알 수 없다. 이전에 어디 앉아 있다가 왔는지 파리에게 물어볼 수도 없다. 그렇다고 공포감에 사로잡힐 필요는 없다. 건강한 사람은 이런 작은 병원체를 무서워할 필요가 없다. 물론 면역력이 약한 사람이 이런 병원체에 오염된 음식을 먹거나, 파리가 옮긴 박테리아가 음식 위에서 하루 정도 살면서 번식한다면 좋지 않은 일이 생길 수도 있다. 그러나 대부분 이런 일은 생기지 않는다. 왜냐하면 우리는 과일과 채소를 씻어서 먹고, 다른 음식들도 뚜껑을 열어 둔 채 보관하지는 않기 때문이다. 그러니 크게 걱정하지 않아도 된다.

다만 인구 밀도가 매우 높고 위생 환경이 바람직하지 않은 지역, 예를 들어 인도 같은 나라에서는 문제가 될 수 있다. 이런 환경에서는 파리가 콜레라 같은 질병을 옮길 수도 있다. 잘 알려져 있듯이, 콜레라에 감염되면 대단히 심각한 위장 장애를 겪으면서 설사와 구토에 시달리게 된다. 파리들은 인간의 이런 고통을 즐거워한다. 파리에게는 흥미로운 먹이가 새롭게 배출된다는 의미이기 때문이다. 그리고 인간이 배출한 먹이를 먹으면서 파리들은 다시 병원균에 오염된다. 여기까지 설명하면 이 연쇄가 무슨 의미인지 짐작할 수 있을 것이다. 그러므로 일상에서도 반드시 위생 규칙을 지켜야 한다. 흔히 이야기하는 손 씻기, 음식물을 덮어 두거나 냉장고에 보관하기만 잘 지켜도 전혀 두려워할 필요가 없다.

장례식에 찾아오는 달팽이 손님

다시 숲속의 헤르미네에게로 돌아가자. 장례식 손님에는 검정파리, 균류, 미생물만 있는 게 아니다. 의외라고 생각할지도 모르겠지만 달팽이들도 헤르미네의 사체가 제공하는 맛있는 단백질 칵테일에 관심이 많다. 달팽이는 연체동물 중에 복족류에 속하며, 가장 많은 종이 있는 동물이다. 전 세계적으로 7만 종이 넘는 달팽이종이 있는데, 어떤 학자들은 지상과 물속에 사는 달팽이종을 모두 합치면 10만종이 넘는다고 추정하기도 한다. 특히 집달팽이는 헤르미네의 작은 뼈에 저장되어 있는 양질의 칼슘을 사양하지 않는데, 약간 흥분한 '장례식 손님'들이 죽은 지 얼마 안 된 사체를 이미 끈적끈적하게 만들어 두었기 때문이다.

그렇다면 집달팽이는 어떻게 살아가는 걸까? 달팽이의 크기는 현미경으로 관찰해야 하는 작은 종부터 엄청나게 큰 바다달팽이까지 다양하다. 예를 들어 인도양에는 거대한 달팽이 시링크스 아루아누스Syrinx aruanus가 산다. 이 달팽이의 집은 90센티미터에 달하고, 몸은 이보다 더 길어서 세계에서 가장 긴 달팽이로 알려져 있다.

달팽이는 생존의 달인이며, 거의 모든 서식지에서 발견된다. 달팽이는 바다에도 살고 땅속 깊은 곳에도 사는데, 서식지

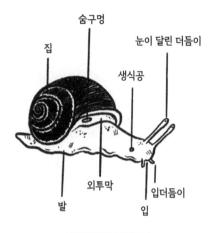

집달팽이의 신체 구조

에 따라 독특한 형태와 다양한 색깔을 취한다. 그래서 사람들은 그것이 동물이라는 사실을 믿지 못하고, 하물며 달팽이라고는 더더욱 생각하지 못한다. 달팽이는 고지대에서도 살고, 극지방도 꺼리지 않는다. 달팽이는 연못, 강, 초원, 숲에도 살고, 해안 절벽에도 터를 잡으며, 늪 속을 돌아다니기도 하고, 종일 바위 밑에 숨어 있기도 한다. 나무를 타기도 하고, 땅속에 살기도 하며 다른 동물의 몸 위에 타고 올라 밀항자 놀이를 하기도 한다.

달팽이는 우리가 흔히 쓰는 말처럼 놀라울 정도로 느린 속도 외에도 경이로운 특징들이 많다. 달팽이는 상대적으로 유소성 philopatry 이 매우 강한 동물이다. 만약 어느 정원을 수년간 산책하면서 이따금씩 늙은 에스카르고를 만난다면(대부분 심하게 낡은 집을 보고 알아차릴 수 있다), 해마다 같은 달팽이를 만나고 있다고 확신해도 된다.

노화를 다루면서 이미 우리는 이 끈적한 친구들이 아주 오래 산다고 이야기했다. 여기서는 짧게 이 친구들의 신체적 특징을 알아보려고 한다.

바다 달팽이에는 암컷과 수컷이 있지만, 물에 살지 않는 병안류 육지 달팽이는 모두 자웅동체다. 즉 육지 달팽이는 남성 성기와 여성 성기를 하나의 생식기 안에 통합해서 갖고 있으며, 알을 낳는 암컷으로 행동하거나 수태시키는 수컷 역할도 맡을 수 있다.

나는 집에서 여러 달팽이종을 키우는데, 그중에는 호랑이 달팽이라고도 불리는 거대한 왕달팽이종 아프리카 마노달팽이 Achatina achatina 도 있다. 호랑이 달팽이는 내 팔뚝만 하게 자라고, 짝짓기를 20시간도 넘게 한다. 짝짓기를 끝낸 후 두 마리는 지쳐서 물그릇 안에 나란히 누워 더듬이를 축 늘어트리고 있다. 완전히 녹초가 된 것이다. 누가 이들을 비난할 수 있겠는가?

에스카르고는 호랑이 달팽이와는 다른 방식으로 짝짓기를 한다. 서로에게 매력을 느끼면 먼저 더듬이로 서로를 계속 만지고 시시덕거리며 열기를 높인다. 서로를 계속 만지면서 달팽이 두 마리는 서로의 다리 위로 기어오른다. 호르몬이 제대로 끓어오르면, 사랑에 추가로 도움을 주는 '사랑의 화살'이 발사된

검열삭제!

다. 큐피드가 아니라 달팽이들이 서로에게 직접 쏘는 사랑의 화살이다. 사랑의 화살은 번식의 성공 확률을 높여 주는 호르몬의 비밀을 담고 있다. 이들의 짝짓기도 꽤 긴 시간이 걸리는데, 수정에 성공할 때까지 꽤 빈번하게 실수가 발생하기 때문이다. 에스카르고의 경우에는 수정이 서로에게 동시에 이루어진다. 두 파트너는 작은 주머니에 들어 있는 정자를 서로 주고받는다. 짝짓기가 끝나면 두 달팽이는 다시 각자의 길을 간다. 그리고 저장된 정자로 수정된 난자를 만든 후 석회 껍질로 된 알을 만든다. 모든 준비가 끝난 후 습기가 충분하고 석회가 포함된 땅을 발견하면 그곳에 알을 묻는다.

알을 깨고 나온 작은 달팽이들은 이미 등에 가볍고 투명한 작은 집을 갖고 있다. 아기 달팽이들은 석회질 초기 자본을 얻기 위해 알껍질을 맛있게 먹어 치운다. 안정된 집을 만들기 위해 알껍질에 있는 석회가 필요하기 때문이다. 달팽이집은 장차 달팽이들을 건조한 환경과 천적으로부터 보호해 줄 것이다.

달팽이집 제작과 수리는 소위 '외투막'이 담당하는데, 외투막은 기존의 나선형 석회층 위에 더 큰 석회층을 추가하는 방식으로 집을 만든다. 이렇게 새로운 나선형 석회층이 계속해서 쌓이면서 달팽이집은 커져 간다. 그런데 달팽이집이 잘 크기 위해서는 석회 공급이 원활해야 한다. 바로 여기서 헤르미네의 사체가 등장한다.

육지달팽이들은 대부분 청소동물이다. 그래서 이들도 장례식 만찬에 참여하기 위해 사건의 장소로 간다. 당연히 달팽이들도 사체에 있는 단백질에 관심이 많으며, 평소 식물과 균류로 구성된 음식에서 활기를 찾던 민달팽이는 그곳에서 잘 차려진 한상을 받는다. 집달팽이들은 특히 헤르미네의 뼈에 관심이 많은데, 달팽이집을 키우고 수리하는 데 필요한 칼슘이 많이 들어 있기 때문이다. 그렇다. 달팽이는 등에 이고 다니는 집을 스스로 수리할 수도 있다. 도로 위에 밟힌 달팽이를 발견하면(초봄과 가을에 아주 자주 일어나는 일이다), 나는 달팽이를 집으로 데려와 달걀 껍질과 랩으로 만든 '달팽이용 붕대'로 감싸 준다. 이 붕대를 감고 있으면 달팽이는 피부가 마를 위험에서 벗어나 편안하게 상처를 치유할 수 있다. 그렇게 이 달팽이는 한동안 나의 달팽이 병원에서 생활한다.

장례식에 찾아오는 다른 손님들

헤르미네의 사체 분해에 참여하는 또 다른 동물 집단으로 딱정벌레를 빼놓을 수 없다. 지금까지 약 40만 종이 발견된 딱정벌레목은 곤충강 가운데 가장 큰 목이다. 많은 이들이 열광적으로 딱정벌레 박제를 수집하고, 수집품을 서로 교환하기도 한다. 오늘날 해마다 약 100여 종의 새로운 딱정벌레가 등록되는데, 밝혀지지 않은 것으로 추정되는 종 또한 그만큼 많다.

딱정벌레의 색, 형태, 종류는 엄청나게 다양하다. 아이들은 작고 재미있는 반점이 박혀 있는 무당벌레나 동그랗고 굼뜬 피투성이 딱정벌레 Timarcha tenebricosa 를 특별히 좋아한다. 무게가 100그램이나 나가는 골리앗꽃무지 Goliathus 나 길이가 거의 20센티미터가 되는 타이탄하늘소 Titanus 같은 딱정벌레 사진을 본다면, 약간 몸서리가 쳐질 것이다. 그러나 딱정벌레는 아름답거나 징그럽기만 한 게 아니라, 우리 생태계에서도 매우 중요하다.

이처럼 다양한 종이 있는 생물인 만큼 우리는 많은 딱정벌레종을 흔히 볼 수 있다. 딱정벌레의 생활양식은 대단히 다양하지만, 숲속의 헤르미네를 방문하는 딱정벌레들 사이에는 공통점이 하나 있다. 사체를 좋아한다는 점이다.

대표적인 예가 바로 곰보송장벌레 Thanatophilus 다. 이름에서부터 이들의 삶을 짐작할 수 있다. 곰보송장벌레의 학명 타나토

필루스는 타나토Thanato와 필루스philus의 합성어다. 타나토는 '죽음'을 의미하는 그리스어 타나토스Thanatos에서 왔다. 그리스 신화에서 타나토스는 온화한 죽음의 신이며, 종종 잠의 신 히프노스와 연결되어 묘사된다. 어미의 필

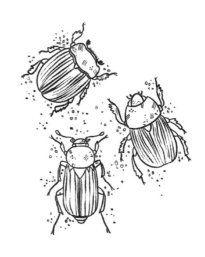

루스는 그리스어 단어 '친구'에서 왔다. 그래서 곰보송장벌레는 독일에서 '죽음의 친구Totenfreund'라고 불린다.

곰보송장벌레는 잘 날지 않는다. 하기야 죽은 햄스터 위에 편히 앉아 배불리 먹으면서 노닥거릴 수 있는데 굳이 날아다닐 필요가 있을까? 이런 맥락에서 헤르미네는 음식의 원천일 뿐만 아니라 싱글들을 위한 만남의 장소이기도 하다. 사체에 관심이 많은 모든 방문객에게 그렇다. 할 수만 있다면 곰보송장벌레는 몸에 '사체는 생명이다'라는 문신을 새겼을 것이다. 곰보송장벌레의 삶은 사체를 중심으로 돌아가기 때문이다. 그들은 사체를 먹고 사체에서 살며 사체에서 번식을 위한 만남을 갖는다.

수컷은 암컷 위에 올라타 더듬이를 붙잡고, 우리 인간이 보기에는 조금 우스워 보일 수 있는 자세로 교미를 한다. 교미

가 끝난 수컷은 암컷 몸 안에 배출한 정자를 경쟁자가 나타나 다시 빼내고 자기 정자를 넣지 않기를 바래야 한다. 참 피곤하게 산다는 느낌을 받지만, 할 수 없다. 각자의 취향은 존중하자!

사체에서는 송장벌레 Nicrophorus 도 만날 수 있다.[49] 송장벌레는 눈에 아주 잘 띈다. 곰보송장벌레처럼 송장벌레도 검은색이지만, 날개 위에 오렌지색 무늬가 있기 때문이다. 송장벌레는 헤르미네와 같은 동물 사체에 큰 흥미를 갖고, 이 사체를 다른 이들과 공유하려 하지 않는다. 곤충 중에는 새끼를 돌보는 종도 있는데, 송장벌레들이 그렇다. 아이들에게 최상의 조건을 만들어 주고 싶은 송장벌레 부부는 헤르미네와 같은 사체에 아기방을 만든다.[50]

이 작은 햄스터를 땅 아래로 가라앉히기 위해 수컷 송장벌레들은 헤르미네의 사체 아래에 땅을 파기 시작한다. 헤르미네가 어느 정도 파묻히면, 수컷들은 약간 썩은 이 '보물'로 암컷들의 환심을 사려고 애쓴다. 가능한 한 눈에 잘 띄기 위해 수컷은 인간처럼 다리를 들어 암컷을 부르는 대신 뒤꽁무니를 흔들어댄다. 오늘날 우리는 이런 몸짓을 '트워킹 Twerking'이라 부르곤 하지만, 생물학에서는 '꼬리춤'이란 용어를 쓴다. 이 또한 우습게 들리기는 마찬가지다. 이 춤을 추는 수컷은 특별히 눈에 띄는데, 불행하게도 다른 수컷들의 관심도 받게 된다. 다른 송장벌레 수컷이 꼬리춤을 추는 새신랑을 발견하면, 새신랑이 준비한 사체를 놓고 결투를 벌이기도 한다. 새신랑이 패배하면 사체를 경쟁자에게 넘겨주고 그 자리를 떠나야 한다.

암컷이 유혹에 넘어오면, 이 행복한 부부는 사랑의 불꽃을 그리 오래 피우지 않고 바로 집을 짓기 시작한다. 헤르미네가 더 깊이 묻히도록 부부는 계속해서 헤르미네 아래를 파내려 간다. 송장벌레의 크기를 생각하면 이 작업에는 제법 시간이 걸릴 수밖에 없다. 땅을 파는 동안 송장벌레 부부는 계속해서 헤르미네에게 침을 뱉는데, 송장벌레의 침은 방부제와 같은 역할을 하기 때문이다. 아기방에 곰팡이가 생기기를 원하는 부모는 없다. 그렇지 않은가? 그밖에도 송장벌레 부부는 헤르미네의 털을 제거한 후, 몸체를 둥글게 말아 사체를 좀 더 작고 단단하게 만든다.

이윽고 암컷이 알은 낳고, 이 알을 깨고 나오는 애벌레는 더 강해지기 위해 '맛있는' 냄새를 향해 기어간다. 애벌레는 헤르미네의 사체를 쉽게 씹을 수 없으므로 부모가 미리 씹어서 만들어 놓은 유동식에 의존하게 된다. 애벌레들이 음식물을 알아차릴 수 있게 부모 송장벌레는 애벌레들을 살짝 밀거나 고개를 흔들고 다리를 움직인다. 그러다 보면 애벌레는 충분히 자라 혼자 음식을 씹을 수 있게 된다. 이때부터 아기 송장벌레가 집을 떠나기까지는 그렇게 오래 걸리지 않는다.

한편 송장벌레 부부 한 쌍에게 헤르미네의 거대한 사체는 과도한 부담일 수도 있다. 이런 경우에는 여러 가족이 육아공동체를 결성하는데, 이를테면 크고 현대적인 공유주택과 비슷하다. 여러 가족이 사체를 공유하는 것이다. 이런 공유는 또한 한 공간에 다양한 유전자풀을 모으는 데 아주 좋다. 아마 송장벌레들은 헤르미네의 사체에서도 다른 동물에 의해 이미 절단된 다리 한 짝이나 다른 신체 부위만 차지했을 가능성이 매우 크다.

헤르미네의 몸이 충분히 분해되었다면, 이제 송장풍뎅이 Trogidae 의 시간이 온다. 이 작은 친구들은 다른 동물들이 내켜 하지 않던 부분을 전부 가져간다. 이들은 머리카락, 건조되어 미라화된 피부, 털, 발톱 등 케라틴으로 된 모든 것을 좋아한다.

인간이나 헤르미네와는 달리 곤충은 보통 코가 없다. 그러나 좋은 먹이를 찾기 위해 꼭 오똑한 코가 필요한 건 아니다. 송장풍뎅이의 더듬이에는 특별한 수신세포가 있고, 이 수신세포로 시체의 냄새를 포착하고 위치를 파악할 수 있다. 헤르미네가 이미 어느 정도 약탈당하고 말라 버리면 송장풍뎅이가 남아 있는 모든 자원을 책임진다.

마지막으로 또 다른 딱정벌레를 소개하고 싶다. 이 딱정벌레는 너무도 유명해서 모두가 그 이름만은 안다. 바로 소똥구리다. 이 곤충은 작고 둥글며 금속 빛이 난다. 이 곤충은 종종 자기 앞에 작은 공을 굴리느라 아주 바쁘다. 소똥구리는 금풍뎅이속 Geotrupes 에 속한 종들을 대표한다. 가끔 금풍뎅이의 소리를 들을 수 있는데, 이 곤충은 엉덩이로 찌륵찌륵 울음소리를 낸다.

모든 금풍뎅이종 가운데 이 소똥구리들이 가장 자주 척추동물의 사체에서 발견된다. 이들은 진짜 슈퍼히어로다. 소똥구리는 자기 몸무게의 수천 배 이상을 나를 수 있다. 개미조차도 소똥구리의 괴력 앞에서는 존경을 담은 박수를 보내야 할 것이다. 소똥구리에게 괴력이 필요한 이유는 수용세포를 통해 수 킬로미터 밖에 있는 헤르미네의 사체를 감지한 후 그곳에 가서 남아 있는 상당한 크기의 사체를 공으로 만들어 다시 가져와야 하기 때문이다. 소똥구리는 가져온 공을 새끼들을 위해 땅에 묻는다. 사실 소똥구리는 맛있는 배설물을 아주 좋아한다. 그러나 과거와 달리 인간들이 너무 깨끗해졌고 공원에서도 양심에 따라 반려견의 배설물을 치우기 때문에, 소똥구리들은 직업과 먹이를 얻는 기술의 방향을 바꾸어야 했다.

그밖에도 많은 다른 딱정벌레들이 헤르미네를 방문한다. 파리와 마찬가지로 엄청나게 다양한 딱정벌레종이 있으며, 인간이 자연 순환 과정에 더 적게 개입할수록 이 곤충들은 더 많이 번성한다. 최근에는 시체가 너무 금방 치워지기 때문에 많은 청소동물이 어려움을 겪는다. 당연히 나는 우리 인간의 입장을 충분히 이해한다. 죽은 양을 아무 곳에나 방치할 수는 없는 노릇이기 때문이다. 그러나 숲에서 죽은 야생동물의 사체까지 수거하는 일은 동물 공동체에게 상당히 큰 문제가 된다. 이 책에서 영감을 얻어, 앞으로는 죽은 민달팽이와 그 비슷한 동물을 정원에서 치우지 말고 덤불 아래 놓아 주면 좋겠다. 우리 생태계를 보존해 주는 모든 동물에게 이웃으로서 원조한다는 단순한 생각으로 말이다. 우리가 너무 자주 소홀히 대하지만 우리 생활의 근거인 자연을 유지하기 위해서도 필요한 일이다.

누가 또 들를까

헤르미네 주변에서 또 어떤 일이 일어나는지 살펴보자. 검정파리, 딱정벌레, 달팽이가 헤르미네의 사체에서 배를 채우고 집을 짓는 동안 다른 많은 방문객이 그곳을 찾는다. 개미들은 시신을 체계적이고 효과적으로 분해하고, 맛있는 음식을 쪼개서 배를 채운다. 지네 또한 시체 주변과 그 위를 잘 돌아다니는데, 헤르미네 사체 위에서 식사를 즐기고 있는 작은 곤충들을 노리기 때문이다. 말벌들도 맛있는 고기가 널려 있는 곳에서 마냥 빈둥거리지는 않는다. 한마디 덧붙이자면, 나는 우리가 말벌을 적으로 보지 않았으면 좋겠다. 말벌 둥지 하나는 1년에 약 7~10킬로그램의 모기를 사냥한다. 많은 이들이 이 사실에 기뻐하리라고 생각한다(사실 모기도 나의 친구다. 그런 의미에서는 이 역시 유감스러운 일이다). 그러니 이 작은 줄무늬 꼬마가 당신 옆을 잠깐 지나갈 때 분노하지 말고 고마운 마음을 가지자. 말벌은 당신에게 더 편안한 밤을 만들어 주고 있으니 말이다.

거미도 이런 감사를 받아 마땅하다. 그러니 부디 청소한답시고 진공청소기로 거미를 치우지 말아 주었으면 한다. 거미는 당신이 잠든 사이 다른 성가신 것들이 당신에게 쉬이 접근하지 못하도록 감시해 준다. 한편 말벌도 식물의 꽃가루를 옮겨 주는데, 벌보다 힘이 센 말벌은 강한 바람, 심지어 비가 올 때도 꾸준히 생태계가 부여한 자신의 과제를 수행할 수 있다. 반면 귀여운 꿀벌들은 비가 오면 날씨가 다시 갤 때까지 우선 몸을 숨겨야 한다.

쥐며느리, 톡토기, 진드기 등과 마찬가지로 다지류 동물도 시체를 사양하지 않는다. 검정파리 외에도 수많은 파리종이 동물 사체를 쇼핑하러 간다. 어차피 누군가는 그것을 치워야 하고 그렇다면 상하기 전에 처리하는 것이 좋지 않겠는가? 아, 물론 이 경우 '상하기 전'이란 말은 의미가 없다. 사체 쇼핑 참가자들에게는 사체가 어느 정도 상해서 스프가 생겼을 때 비로소 제대로 맛이 나기 때문이다.

지금까지 서술한 모든 과정은 헤르미네가 숲에 조용히 누워 있을 때에만 해당된다. 그러나 내가 소개한 이들이 개입하기 전에 이미 헤르미네의 몸이 더 큰 동물들의 관심을 받았을 수도 있다. 여우나 까마귀가 방문했을 수도 있고, 큰 까마귀가 이 작은 햄스터를 낚아채 갈 수도 있다. 이 경우 곤충들은 생계를 유지하기가 무척 어려워질 것이다.

어쨌든 내게는 이것이 완전한 꿈의 장례식이다. 그냥 어딘가에 눕혀져서 크고 작은 동물에게 먹혀 사라지는 것 말이다. 나는 이런 장례가 가장 아름답다고 생각하지만, 안타깝게도 우리 사회에서 정한 장례법이 나의 꿈을 좌절시킨다. 사실 당연한 일이다. 어디에나 시체가 그냥 놓여 있는 건 그리 바람직한 일은 아니다. 전 세계에서 다양한 장례의식이 발달한 이유도 여기에 있다.

이 장례의식을 다루기 전에, 나는 인간 시체와 관련된 문제 하나를 짚고 넘어가려 한다. 이미 말했듯이, 우리는 숲에 그냥 던져지지 않고 관습에 따라 땅속에 묻힌다. 이 풍습이 몇 가지 문제를 낳는다.

시체를 깊이, 깊이 묻는다면

성경의 창세기 3장 19절을 읽으면 한 가지 사실은 분명해진다. "너는 흙이니, 흙으로 돌아갈 것이니라." 비록 우리 장례 절차에서 매장이 줄고 화장과 납골묘가 선두를 물려받았지만, 여전히 해마다 많은 사람들이 관 속에 들어가 땅에 묻힌다. 독일에는 시신을 매장할 때 관을 1.5~2미터 깊이로 묻어야 한다는 규정이 있다. 하지만 이 규정을 그대로 따른다면 우리가 앞서 살펴본 헤르미네의 숲속 장례와 비교할 때 매장된 사체에서는 특정 분해 과정이 제대로 작동하지 않을 것이다. 산소분자가 이런 깊이까지 도달하기는 쉽지 않기 때문이다. 또한 사체가 땅 위에 그대로 누워 있었다면 그 사체를 통해 배를 충분히 채울 수 있었을 많은 동물들이 매장된 시체까지 다다르는 길을 찾지 못한다. 그러므로 이 경우 어쩔 수 없이 땅속 생물들이 분해를 담당하게 된다.

토양이 제 역할을 하고 공기가 충분히 통하면, 시체의 부드러운 조직은 8~12년 후에 대부분 분해된다. 미생물, 지렁이, 그 밖의 많은 분해 도우미들이 이 부드러운 조직을 이용하여 여러 세대에 걸쳐 작은 생명체에게 새로운 삶을 제공한다. 뼈의 분해는 연조직보다 오래 걸리는데, 뼈는 대부분 칼슘으로 이루어져 있으며 상당히 단단하고 건조하기 때문이다. 이 분해 과정에 충분한 시간을 주기 위해, 시신이 매장된 무덤은 보통 20~30년 정도는 그대로 내버려 둔다. 이후 가족들이 무덤을 더는 돌보려고 하지 않으면 공동묘지에서는 그 무덤에 새로운 시신을 채우기 시작한다.

토질 때문에 땅속 산소의 양이 사체를 분해하기에 충분하지 않을 수도 있다. 특히 땅이 습하거나 진흙이 많을 때 그런 일이 생기곤 한다. 이런 경우 특정 분해 과정이 일어나지 않을 수도 있다. 저 앞에서 이미 다루었듯이, 산소의 존재 여부가 사체의 부패 혹은 분해 정도를 결정하기 때문이다. 산소가 부족하면 우리 피부에 저장된 지방이 소위 '시랍adipocere, corpse wax'으로 변환되어 조직에 저장된다. 밖에서 보면 하얀 가루처럼 보이는 시랍은 시신을 보존하여 부패 과정을 방해하는 층을 만든다. 시랍화가 진행되면 미생물들은 시신을 돌볼 기회를 얻지 못한다. 이론적으로 시신은 수백 년 동안 땅속에서 보존될 수 있으며, 늪지대 같은 곳에서 실제로 이런 일이 생긴다.

공동묘지에서 일하는 사람들에게 시랍화된 시신은 적지 않은 심리적 부담을 준다. 수십 년 된 묘지를 파헤치면서 반쯤 부패된 시신을 만나리라고는 누구도 기대하지 않는다. 기껏해야 뼛조각이나 조금 나오리라 생각할 뿐이다. 더욱이 시랍화된 시신은 처리할 때도 문제가 된다. 시신에 대한 경건함은 더는 아무 의미가 없다. 여기에 수반되는 상세한 과정은 차마 더 설

명하지 않겠다.

　많은 공동묘지에서는 지하수 수위를 관리하는 배수 시설을 만들어서 이 문제를 풀려고 한다. 어떤 곳에서는 물이 산소 공급을 막지 않도록 콘크리트 석관을 추가로 제공하기도 한다. 또한 시랍화 문제를 상세히 연구한 논문들도 있고, 매장에 적절한 토양이 있는 곳과 생길 수 있는 문제들의 정보를 모은 데이터베이스도 있다.[51]

죽음의 천사에게도 성별이 있을까

헤르미네는 마지막 안식을 내 친구의 정원 구석에서 찾았고, 이 길에는 몇몇 작은 생명체들이 함께했다. 이는 지극히 전통적인 장례법이라고 할 수 있다. 자연적이고 생물학적인 장례식 말이다.

하지만 우리 인간은 누군가 죽으면 사는 곳에 따라 관습으로 굳어진 장례의식과 절차를 따른다. 이 장례의식은 내가 헤르미네를 묻은 방법과 비슷할 수도 있고, 완전히 다른 방법을 거칠 수도 있다. 이렇게 여러 장례의식을 이해하려면 먼저 각 지역과 문화권의 내세관을 먼저 살펴보아야 한다. 죽어서 새로운 삶을 얻는지 혹은 새로운 세계로 가는지 등 내세에 대한 우리의 상상이 장례의식과 절차에 영향을 미치기 때문이다. 그리고 지역과 문화권에 따라 '죽음'이 무슨 의미를 지니고 있는지도 살펴보아야 한다.

죽음은 여성일까 남성일까

문법적으로 단어에 성별을 부여하는 독일에서 죽음der Tod은 남성형 명사다. 하지만 과거에는 이 단어가 여성형으로 쓰였다고 한다. 적적해하시는 어느 할아버지를 방문했다가 그 할아버지에게서 이 사실을 듣기 전까지는 나도 몰랐던 역사다. 우리는 죽음이 의인화된 모습인 '죽음의 신'을 안다. 죽음의 신은 해골 같은 모습을 한 채 검은색 수도복을 입고 긴 낫을 들고 있으며, 그 낫으로 우리 인간을 마치 옥수수처럼 마구 베어 내 저승으로 보내 버린다. 해골의 모습인 탓에 이 형상의 성별이 정확히 묘사되지는 않지만, 보통은 남성과 연결된다. 예술에서도 죽음은 자주 남성적으로 표현되며 특히 학살이나 전쟁 또는 다른 폭력적인 죽음의 장면을 묘사할 때 더욱 그렇다.

그러나 여성으로 묘사된 죽음의 천사도 종종 등장한다. 미국의 공포 드라마 시리즈 〈아메리칸 호러 스토리: 보호소Asylum〉에서는 검은 옷을 입고 검은 날개가 달린 노부인이 죽어가는 사람에게 마지막 키스를 하면서 그를 데려간다. 19세기에는 죽음을 창녀의 모습으로 묘사하는 그림들이 빈번하게 등장했는데, 아마도 매독 때문에 생기는 위험에 대한 남성들의 모순적인 분노일 것이다. 사실 매독의 전염에 대해서는 여성에게만 '죄'가 있는 것이 아니고, 남성 역시 똑같이 매독을 전염시키는 매개가 된다. 하지만 매독이 한참 문제가 되던 이 무렵에는 여성이 매독을 옮긴다는 인식이 널리 퍼져 있었다. 만약 남성 역시 매독을 전염시킨다는 사실이 당대에 널리 알려졌더라면 사람들이 어떻게 반응했을지 궁금하다. 하지만 따지고 들면 골치 아프기 짝이 없는 문제이니 여기에서는 이 정도로만 언급하고 지나가겠다.

유럽뿐만 아니라 다른 문화권에서도 죽음을 여성으로 의인화하는 경우가 있다. 아즈텍 문화에서는 죽음의 신 '믹틀란테쿠틀리'에게 '믹틀란시후아틀'이라는 아내가 있다. 남편은 죽지 않는 영혼을 돌보고 그 아내 믹틀란시후아틀은 죽은 자들의 시신을 감시하는 일을 담당한다. 즉 여신은 남편과 함께 죽음을 다루었다. 죽음관은 그 문화권의 창조관과도 관련이 깊다. 아즈텍의 여신 '코아틀리쿠에'는 죽음의 어머니이자, 창조주이면서 모든 생명의 어머니다.

여성, 죽음의 천사

종교학자 비르기트 헬러Birgit Heller는 〈죽음은 성별이 있다 Der Tod hat ein Geschlecht〉라는 논문에서 역사적으로 여성들이 '죽음의 능력'을 의도치 않게 발달시켜 왔다고 지적한다.[52] 여성의 사회적 지위, 그리고 대체로 사적 영역과 관련을 맺는 여성의 역할 때문에 여성은 남성보다 죽음의 육체적 차원에 더 깊이 연루되곤 했다. 지금도 대체로 그렇기는 하지만 여성들은 과거부터 환자와 노인, 죽어가는 사람들을 돌보는 역할을 맡았다. 이런 돌봄은 여러 사회의 사회문화적 행동 규범과 잘 맞았고, 종교적 생각과도 밀접하게 연결되어 있었다.

그리스도교의 신화만 봐도 알 수 있다. 성서에 따르면 인간이 낙원에서 쫓겨나 죽을 운명에 처한 원인은 이브에게 있다. 모든 인류의 어머니인 이브가 뱀의 유혹에 넘어가 인식의 나무인 선악과를 먹었기 때문이다. 이브 때문에 세계에 죄와 필멸성이 생겼다는 이 이야기는 수천 년 동안 여성을 억압하는 근거가 되었다.

오랫동안 여성은 이성보다 감정이 앞서는 존재로 여겨졌다. 여성은 남성처럼 지적으로 높은 수준에 도달할 능력이 없다는 믿음이 완고하게 이어져 왔다. 그래서 남성은 생각을 담당했고, 여성은 그 밖의 모든 세상과 육체와 관련된 영역의 과제를 떠맡았다. 전승에 따르면 창조 자체가 남성의 힘으로 생겨났다. 그리스도교 신앙에서 신은 여성이 아닌 '아버지' 혹은 '주인님'으로 나타났기 때문이다. 그리스도교의 신, 다시 말해 창조주가 정신적인 것에 몰두하는 동안 여성은 죽을 수밖에 없는 육체와 연결되었다. 앞에서 언급했던 아즈텍 문화도 약간 비슷하다. 여기서도 남성이 정신적 영역을 돌아다니면서 죽은 사람들의 영혼을 관리하는 동안, 여성은 죽음 이후 남은 시신을 담당한다.

분만 과정에서의 사망 위험, 과거에 흔했던 유산과 유아사망 때문에 사회는 여성을 죽음이라는 영역에 더 가까이 가게했다고, 비르기트 헬러는 논문에서 상세하게 서술한다. 예를 들어 마녀사냥 시대 이전에는 산파가 분만 과정을 도왔을 뿐만 아니라 시신의 염습도 담당했다. 특히 눈여겨보아야 할 부분은, 죽음과 죽어감이 여성의 영역으로 굳어져 가는 동안 여성들이 실제로 어떻게 살아갔는가 하는 문제다. 가부장제 사회는 이런 경험에 기초하여 '죽음과 죽어감'의 영역을 여성에게 떠넘겼고, 동시에 그 일의 가치를 깎아 내렸다. 현대에 여성들이 대부분을 차지하는 돌봄 노동의 영역에서 자주 발생하는 문제처럼 말이다. 오늘날 이런 현상은 특히 보건, 요양 분야에서 두드러지게 나타난다.

소위 '여성적' 능력의 체계적인 평가절하는 우리 삶의 현실을 크게 왜곡했다. 그리고 사람들은 죽어가는 사람이나 죽음을 다루는 일을 보이지 않는 곳에 슬쩍 밀어 넣고 모르는 척하려고 한다. 그렇게 놀랄 일도 아니다.

서양 사회에 대단히 큰 영향을 미친 세속화와 현대 의학의 발달로 인해 이제 죽음은 더는 자연스러운 것이 아니라 현대 의학의 실패로 받아들여진다. 덕분에 우리는 이 주제를 어떻게 다루어야 하는지 잘 설명하지 못하게 되었다. 죽음? 우리와는 상관없는 일이다. 죽어가는 사람? 빨리 치워라. 시체? 특히 빨리 치워라.

저승에서는 무슨 일이 일어날까

죽음을 신이나 천사처럼 의인화하는 사고방식은 이에 상응하는 저승관을 동반하고, 이 저승관은 특정한 장례의식에서 표현되곤 한다. 인간이 존재하는 한 '죽음 이후'에 대한 다양한 상상은 앞으로도 아주 오랫동안 존재할 것이다. 무신론자인 나는 특별한 저승관이 없다. 나에게 죽음은 끝이고 2라운드는 없으며 이제 링에서 내려가야 한다. 이게 다다. 생각해 보면 그리 바람직한 일은 아닌 것 같다. 신앙심이 깊어 죽음 이후의 삶을 상상하며 위로 받는 사람이 부러울 때도 있기 때문이다.

나는 자원봉사 활동으로 죽음이 가까운 사람들이나 유산으로 아이를 잃은 사람들을 도와주는 일을 한다. 이들과 대화를 나누다 보면 죽음 이후의 삶, 죽어서 가는 사후세계에 대한 이야기가 자주 나온다. 이들은 자신 혹은 자신의 아이가 갈 곳이 어떤 곳일지 종종 이야기하기 때문이다. 나는 그들이 저승을 어떻게 생각하는지 경청하고, 저승이 그들의 생각과 같은 모습이기를 간절히 희망한다. 그들이 천국에 가서 헤어졌던 친지들을 다시 만나고, 그들이 믿는 신에게 헌신할 수 있기를 바란다. 이 얼마나 아름다운 일인가. 언젠가는 우리 모두가 죽음 이후의 세계, 죽음 이후의 삶이 어떤 것인지 알게 될 날이 올 것이다. 그러나 그 인식은 각자의 것으로 남으리라.

사람들은 과거부터 죽음 이후의 세계, 다시 말해 저승을 저마다 다양한 모습으로 상상해 왔다. 이 시대를 사는 우리뿐만 아니라, 어떤 시대든 어느 지역에서든 간에 모두 그랬다. 역사 기록이 남기 전부터도 저승에 대한 상상은 존재했을 것이다. 설령 이에 대한 기록이 남아 있지 않더라도, 사람들이 상상하는 저승의 모습을 유추하기는 어렵지 않다. 어떤 장례의식을 치렀는지를 알면 사람들이 상상하는 저승의 모습을 미루어 짐작할 수 있기 때문이다.

가령 선사시대의 무덤을 보면 당대를 살았던 사람들이 죽음 이후 삶을 어떻게 상상했는지 짐작할 수 있다. 선사시대에는 무기나 장신구, 음식 등의 부장품을 무덤에 함께 묻었다. 이를 보면 당시 사람들은 죽은 사람도 살아 있을 때처럼 먹을거리가 필요하고, 적과 맞서 싸워야 한다고 믿었던 것 같다.

솔직한 감상을 말하자면, 이런 모습의 저승은 조금 실망스럽다. 사람에 따라 조금 다르기야 하겠지만 기나긴 죽음의 과정을 거쳐 결국엔 죽음을 맞이하고 그 뒤에 저승에서 깨어났는데, 생전과 마찬가지로 옆에 타자기와 메모장, 청소용품 같은 일상적인 물건들이 그대로 놓여 있다고 상상해 보자. 우리는 살아 있는 동안 이런 물건들과 충분히 씨름을 해왔다. 그러므로 죽어서는 차라리 새로운 일을 경험하기를 원할 것이다.

고대 이집트에서 미라를 만든 이유

고대 이집트의 내세관은 이미 유명하다. 내세관에 따른 장례의식, 예를 들면 사람의 시체를 미라로 만든다든지, 이 미라를 피라미드 안에 안장한다든지, 그리고 피라미드가 모여 있는 장소를 '죽은 자들의 도시', 즉 네크로폴리스라고 부른다든지 하는 것들은 이미 잘 알려져 있다. 죽음은 고대 이집트인들의 일상에서 대단히 중요한 역할을 했는데, 이 역할을 파악하려면 먼저 고대 이집트인들이 생각한 인간 영혼의 특성을 이해해야 한다. 하지만 고대 이집트인이 지니고 있던 영혼에 대한 개념이나 정의, 이해는 시간의 흐름과 함께 많은 변화가 있었으므로, 이를 명료하게 구분지어 설명하는 일은 불가능하다. 그래서 나는 대중문화를 통해 잘 알려진 부분 중 하나만 짚고 넘어가려 한다. 고대 이집트에서 영혼을 어떻게 이해했는가가 바로 그것이다. 고대 이집트의 믿음에 따르면, 영혼은 바Ba, 카Ka, 아크Ach 라는 세 가지 본성으로 구분되어 있다.

고왕국 시대에는(기원전 2700~2200년) 카 개념이 크게 유행했는데, 카는 생명의 원천으로 묘사되었다. 사람이 죽으면 카는 시신을 떠나 그 주변에 머문다. 망자를 보호하고 저승에서도 망자가 지금까지의 사회적 지위와 신분을 유지할 수 있게 도와주기 위해서다.

고대 왕국 말기쯤에는 바 개념이 더 인기를 얻었다. 카와는 달리 바는 인간의 '실제 영혼'으로 여겨졌고, 자유를 사랑하는 존재였다. 그래서 바는 종종 새(경우에 따라 인간의 머리를 한)로 묘사되었고, 연구자들은 바를 '여행하는 영혼, 혹은 자유로운 영혼'이라고 부른다. 바는 카와 달리 시신 주변에만 있지 않고, 주변을 배회하고 살펴보면서 다른 것을 경험할 수 있었다.

사람이 죽으면 가족들

은 바를 유혹하여 시신에게 돌아오게 하려고 노력했다. 바가 다시 육체와 결합하여 죽음 이후의 삶을 가능하게 만들기 위함이었다. 바는 술잔을 좋아해서 이에 쉽게 유혹당하는데, 그럼에도 이 유혹은 상당히 까다로운 일이었다. 왜냐하면 바는 불멸의 존재가 아니기 때문이다. 바는 다치거나 파괴될 수 있는 존재였으므로, 망자에게 가는 도중에 바에게 아무 일도 생기지 않는 게 중요했다.

영혼의 세 번째 측면은 아크였다. 고대 이집트에서 인간의 최종 목표는 죽음에서 순수한 아크가 되는 것이었다. 아크가 되면 저승에서 부활할 수 있는데, 이를 위해서는 카와 바가 하나로 융합해야 한다. 그렇지 않으면 아크가 되는 건 불가능하다. 또한 바와 카가 융합하려면 먼저 바가 망자의 육체로 돌아와야 한다.

안타깝게도 이런 융합이 그냥 일어나지는 않았는데, 그 사이에 또 다른 과정이 있었기 때문이다. 바로 고대 이집트식 '죽음의 심판'이다. 다시 육체와 결합하여 아크가 되려면 일종의 허락이 필요했다. 이 허락을 받기 위해 바는 마흔두 명의 심판관 앞에서 스스로를 입증해야 한다. 이 재판에서는 선행과 악행의 관계를 살피기 위해 영혼의 무게를 달았다. 여기서 실패하면, 즉 죽음의 심판관들이 이 사람의 삶이 죄로 기울었다고 판단하면, 그리고 이 중요한 순간에 죽음의 법정 앞에서 자신을 보호해 주는 '죽음의 서'가 손에 없다면, 궁극적인 죽음을 맞이할 수밖에 없었다. 이 궁극적인 죽음에는 저승도 없고 부활도 없으며 아무것도 없다. 당시에 발달했던 장례의식과 추도의식의 목적은 이 최악의 시나리오를 피하는 데 있었다.

고대 이집트의 가장 유명한 장례의식은 '미라 만들기'다. 나의 어린 시절 영화와 어린이용 시리즈물에서 미라는 꽤 큰 역할을 했다. 요즘은 부활이라고 하면 미라보다는 좀비를 떠올리는 경우가 많을 것이다. 어쨌거나 약 6,000년 전부터 이집트인들은 죽은 사람들을 사막에 묻기 시작했다. 엄청나게 건조한 사막의 기후와 소금을 함유한 모래 덕분에 시신들은 자연 방식으로 보존되었다. 이집트인들은 이에 착안하여 저승에서의 생활을 위해 육체를 보호하려는 목적으로 이 보존 효과를 인공적으로 모방하기 시작했다.

미라 제작은 처음에는 파라오만의 특권이었지만, 나중에는 부유한 시민들도 이용했다. 이런 특권층 인사가 죽으면, 시신은 방부보존소로 보내져 사제들에 의해 안치되었다. 그곳에서는 먼저 시신을 구석구석 잘 씻는 작업을 거치는데, 이를 위해 방부보존소는 주로 마을을 벗어난 강가에 있었다. 시신이 깨끗해지면 뇌를 제거했다. 조금 더 구체적으로 말하자면 콧구멍을 통해. 이 부분이야말로 많은 사람에게 소름을 돋게 한다. 방부사는 시신의 코를 통해 긴 갈고리를 밀어 넣고 뇌가 부드러운 액체로 변할 때까지 휘젓는다. 그러면 뇌는 액체가 되어 콧구멍을 통해 흘러나온다. 이 과정에서 얼굴에 손상을 주지 않는 일이 중요했는데, 최후의 심판관들이 죽은 사람을 알아볼 수 있게 하기 위해서였다. 그다음 방부사는 향유를 끓여 뇌가 없는 해골에 붓는다. 향유는 나뭇진, 밀랍, 식물의 기름으로 만들어졌고, 가끔은 역청이 사용되기도 했다.

머리를 마무리하면 시신의 나머지 부분을 작업한다. 복부를 갈라 장기 대부분을 제거했는데, 그중에서도 심장은 몸 안에 남겨 두었다. 당시 사람들은 신체의 힘과 지성까지도 심장 안에 있다고 믿었기 때문이다. 그리고 뱃속의 빈 공간을 야자술과 향기 나는 기름으로 청소한 후 부패를 막기 위해 가루와 다른 물질로 뱃속을 채운다.

이제 방부 처리에서 가장 중요한 마지막 단계가 남았다. 바로 수분 제거다. 35~40일 동안 시신을 나트론(탄산수소나트륨)에 눕혀 보관하면 수분이 완벽히 제거된다. 시신이 건조해지면 뜨겁게 만든 향유를 뱃속 빈 공간에 부어 넣고 몸 안팎을 깨끗하게 닦는다. 제거된 장기들은 '카노푸스'에 보관된다. 카노푸스는 항아리의 일종으로, 장기를 넣은 카노푸스는 시신과 함께 매장되었다. 시신에 기름을 충분히 바른 후, 방부사는 시신의 뱃속을 나트론 주머니와 톱밥, 아마 같은 재료로 채운다. 속을 채우는 재료에는 향신료와 씨앗, 향료가 섞여 있었는데, 당시에

는 향료로 와인향, 기름,
개잎갈나무 목재 등이 사
용되었다.

이 모든 작업이 끝나
면 추가로 망자를 조금 치
장한다. 안구는 마로 만든
패드나 양파 혹은 돌로 대체되고, 그 위에 눈을 그려 넣었다. 중
요한 신체 부분은 특별히 금으로 도금하여 보호되었는데, 때로
는 미라의 입에서 얇은 금판이 발견되기도 했다. 그러니까 저승
에서도 문제없이 말을 할 수 있어야 했던 것이다. 그다음 복부
의 절개 부분을 마, 밀랍으로 만든 판 혹은 얇은 금으로 봉합하
고, 미라 제작의 마지막 단계로 넘어간다. 바로 온몸에 붕대를
감는 것이다.

작업자는 특수한 작업대 위에 시신을 올려놓고 아마로 만
든 붕대를 감는다. 붕대 사이에는 '마법의' 부적도 함께 끼워 넣
는데, 이 부적은 내세로 넘어가 신체의 재생과 부활에 성공하도
록 돕는다. 매우 중요한 미라의 경우, 미라 전체를 붕대로 감기
전에 각각의 관절을 먼저 붕대로 감쌌다. 어떤 경우에는 마지막
에 시신 전체를 큰 아마 수건으로 감싸기도 했는데, 이 모든 작
업은 예산 규모에 달려 있었다. 또한 붕대 작업을 하는 동안 사
제가 이 의식에 참석하여 중요한 종교 경구를 암송하는 것이 중

요했다. 고대 이집트인들은 종종 심장 스카라브라는 돌로 된 조각을 시신의 가슴 위에 얹어 놓았다. 이 심장 스카라브에는 특정 마법 공식이 적혀 있었는데, 최후의 심판 때 심장이 이 사람에게 불리한 증언을 못하게 막으려는 목적이었다. 최후의 심판 때 생기는 일은 이미 앞에서 언급했다. 고대 이집트인들은 죽은 이들이 저승에서도 길을 잘 찾을 수 있도록 수 미터에 이르는 파피루스 두루마리를 함께 넣어 주었다. 이 두루마리는 죽음 왕국으로 가는 여정에 대비한 일종의 여행 안내서였다.

미라 제작이 끝나면 시신은 관 안에 안치되는데, 부유한 사람은 화려하게 장식된 거대하고 검은 석관에 봉안되었다. 그다음 죽은 사람이 자신의 무덤에서 마지막 안식을 찾을 때까지 다양한 추모 의식이 계속 이어졌다. 고대 이집트의 가장 거대하고 화려한 무덤 형태는 파라오의 거대한 피라미드나 넓게 펼쳐져 있는 네크로폴리스에서 확인할 수 있다.

한편 사람만 미라로 만든 것이 아니었다. 너무나 사랑하는 반려동물이 죽으면 주인은 이 동물도 가끔 미라로 만들었다. 아부티우(기원전 2504~2216년 사이)라는 개가 대표적인 사례다. 당시 통치자 파라오(누군지는 모른다)의 반려견이었던 아부티우는 장례의식을 거쳐 무덤에 안장되었다. 이집트학 학자 조지 라이즈너George A. Reisner가 발견하고 직접 번역한 아부티우의 묘비에는 다음과 같은 내용이 새겨져 있다.

황제의 파수꾼이었던 이 개의 이름은 아부티우다. 아부티우의 황제는 아부티우를 [의전에 맞게] 매장하고, 보물창고에 있는 관을 제공하며, 향과 질 좋은 아마를 아주 많이 제공하라고 명령하셨다. [그밖에도] 황제는 아부티우에게 향기 좋은 기름을 주셨고, 벽돌공들에게 아부티우의 무덤을 만들라고 명령하셨다. 아부티우가 위대한 신 아누비스 앞에서 영광을 얻도록 황제께서는 이 일을 하셨다.

죽음 숭배는 고대 이집트인들의 생활에 너무 강하게 뿌리 박혀 있어서, 삶의 방향이 온통 저승에서 최후의 심판을 통과하는 데 맞추어져 있었다. 사실 이런 모습은 다른 많은 종교에서도 나타난다.

고통뿐인 메소포타미아의 저승

죽은 후 진행되는 최후의 심판이라는 관념은 고대 이집트뿐만 아니라 다양한 신앙 세계에도 널리 퍼졌다. 이집트인들은 망자가 성실한 삶을 살았고 모든 의례를 충실히 따랐다면 최후의 심판에서 좋은 결과를 얻으리라고 상상했다. 반면 판결 과정은 비슷하지만 절대 화해하기 힘든 내용을 담고 있는 문화권도 있었다.

메소포타미아 지역 사람들은 죽음과 시체, 유령을 대단히 두려워했다. 죽음 이후의 삶을 바라보는 그들의 전망은 대단히 어두웠다. 메소포타미아에서는 선한 사람이든 악한 사람이든 관계없이 죽은 다음에는 모두 지하 세계 쿠르누기아에 있는 후부르강과 일곱 개의 검은 문을 지나 생명의 끝에 도달하게 된다. 지하 세계는 경험 삼아서라도 가볼만한 곳은 절대 아니었다. 이 지하 세계는 뱀의 여신 에레쉬키갈에 의해 통치되었으며 에레쉬키갈은 나중에 지하 세계 통치 업무를 남성신 네르갈과 분담했다. 여기서도 통치자 부부가 등장했던 것이다.

메소포타미아 문화에서 최후의 심판은 선한 삶을 보상하거나 나쁜 삶을 벌주려는 과정이 아니었다. 메소포타미아 문화에는 살아 있을 때 했던 악행을 벌하는 진정한 복수는 없었다. 전투 중에 죽었거나 아들이 여럿 있는 남성은 지하 세계에서 조금 편안한 대우를 받았다. 여기서도 확실히 여성은 차별을 받았

다. 하지만 이런 죽음의 왕국에서 더 나은 대우를 받는다 해도 그곳의, 음… 조금 그렇기는 하지만 일단 '삶'이라고 부르기로 하자. 죽음의 왕국에서의 삶은 추구할만한 가치가 없었다. 지하 세계에서 인간은 깃털로 된 어둠의 영혼으로 존재하면서 지저 분한 쓰레기를 먹어야 했으며 늘 배가 고프고 목이 말랐다. 그 곳은 춥고 어둡고 습했다. 운이 좋은 사람은 도망가는 길을 찾 았지만, 이 탈출은 살아 있는 사람에게나 망자에게나 그리 좋은 일이 아니었다. 탈출한 영혼은 지상에 악귀로 돌아오기 때문이 다. 살아 있는 사람들은 당연히 이들의 귀환을 막으려고 했고, 망자들이 지하 세계에 머물도록 모든 종류의 의식을 진행했다. 예를 들어 헌주 의식, 즉 축성된 장소에서 마실 것을 붓는 의식 이 그렇다. 지하 세계에 있는 망자들이 최소한 제대로 된 물을 마실 수 있도록 해서 망자들이 지하 세계의 운명에 좀 더 만족 할 수 있도록 하기 위해서였다.

하지만 헌주 의식도 확실한 방법이 아니었기에 고대 메소 포타미아인들은 악귀와 죽음에서 동시에 벗어날 수 있는 좀 더 영리한 발상을 하게 되었다. 결과적으로 그들은 어떤 형태로든 불멸에 도달할 가능성을 찾아 나섰다. 메소포타미아 신화가 그 리는 죽음 이후의 모습을 보면 충분히 이해할만한 시도라 할 만 하다.

하데스의 심판이 기다리는 고대 그리스의 저승

종교적 사고가 우위를 차지하던 고대 그리스에서는 사람이 죽으면 헤르메스가 망자를 지하 세계에 있는 스틱스강까지 직접 데리고 간다고 믿었다. 스틱스강에는 뱃사공 카론이 기다리고 있었는데, 망자는 카론에게 오볼루스를 지불해야 했다. 오볼루스는 고대 그리스의 은화로, 장례 때 친지들은 망자의 눈꺼풀에 오볼루스를 하나씩 끼워 두었다. 말하자면 지하 세계로 가는 배 삯이었던 것이다. 약한 그림자에 불과한 망자가 죽음의 왕국 하데스에서 말할 기운이라도 가질 수 있도록 사람들은 망자에게 음식과 음료를 바쳤다.

카론이 망자를 강 건너편에 내려 주면 망자는 그곳에서 지하 세계로 가는 문을 통과해야 한다. 지하 세계로 가기 위해서는 먼저 지옥의 개 케르베로스를 지나가야 했는데, 머리가 여러 개 달렸고 기분이 늘 저기압인 케르베로스는 절대 만만한 존재가 아니었다. 그래서 망자는 케로베로스를 위한 간식도 갖고 있었다. 친지들이 필요한 것들을 제대로 챙겨 주었다면, 망자는 배 삯으로 사용할 돈과 여정 도중에 먹을거리뿐만 아니라 군것질을 좋아하고 단 것에 정신을 파는 케르베로스에게 던져 줄 꿀과자 한 조각도 함께 갖고 있었다. 이 과정을 모두 거치면 망자는 죽음의 왕국 하데스에 들어서고, 지체 없이 왕국과 이름이 같은 지하 세계의 지배자 하데스를 직접 만나게 된다.

재판이 시작되면 아이아코스, 라다만티스, 미노스라는 세 명의 심판관이 망자의 영혼을 감정한다. 대단히 평범하게 살았던 영혼이라면 황량하고 희망 없는 지하 세계에서 그림자로 살게 될 것이다. 그러나 망자가 살아 있을 때 아주 악한 사람이었거나 신뢰할 수 없는 거짓말쟁이였다면, 이 망자를 위한 장소는 한 곳뿐이다. 영원한 고통이 있는 곳, 바로 타르타로스다. 망자가 흡과 맥아를 아직 조금 가지고 있다면, 언젠가는 깨끗해져 타르타로스를 떠나게 될 기회는 아직 있다. 그러나 유달리 악한 사람이었다면 타르타로스에서 영원히 처벌받고 고문을 당해야 한다. 그런 사람에게는 탈출이 허용되지 않는다.

운이 좋아서 평범한 사람이 아니라 신 또는 영웅이었거나, 신이나 영웅까지는 아니어도 그들과 긴밀한 관계를 맺고 있는 사람이었다면, 이들의 영혼은 축복받은 이들의 섬이자 거대한 평화의 장소인 엘리시온에 도달할 가능성이 있었다. 시간이 흐르면서 엘리시온은 축복받은 이들의 섬이 아닌 지하 세계의 일부로 여겨졌다. 이런 변화는 모든 망자에게 좋은 소식이었는데, 특별히 경건하고 정화된 이들은 이제 엘리시온에 갈 기회가 생겼기 때문이다.

유일신을 믿는 종교에서 그리는 저승

아브라함에서 기원한 종교, 즉 그리스도교와 이슬람교 그리고 유대교에서도 최후의 심판은 중요한데, 이들 종교에서 최후의 심판이란 생각은 시간이 지나면서 좀 더 극단적으로 변했고, 우리 문화에 대단히 강력한 각인을 남겼다.

그리스도교에는 한 사람의 삶이 끝났을 때 그가 좋은 사람이었다면 천국으로, '죄인'이었다면 영원한 고통을 당하는 지옥으로 간다는 생각이 널리 퍼져 있다. 당연히 인간들은 이 최후의 심판을 어떤 식으로든 피하거나 조작해 보려 했다. 그렇게 중세에 '면죄부'가 생겨났다. 사람들은 성직자로부터 저지른 모든 죄에서 방면된다는 증서를 돈을 주고 샀으며 이를 통해 지옥으로 떨어질지도 모를 미래에서 벗어났다고 믿었다. 이는 당연히 많은 혼란을 가져왔다. 속죄와 관련된 이 모든 일을 더 거대한 방식으로 실천하기 위해, 사람들은 십자군을 '발명'해 냈다. 십자군이란 이름은 참가자들의 옷에 새겨진 십자가에서 유래했는데, 십자군은 이 십자가를 보고 적과 아군을 식별할 수 있었다. 그러나 그들은 식별에만 머물지 않고 '주님의 이름으로' 상대를 약탈하고 죽였다.

더욱이 인간은 참을성이 없고 언제나 주제를 모르기 때문에, 신만 심판 권한을 갖는다는 생각에 만족하지 못했다. 사람들은 이단 심판과 마녀사냥, 파문과 제명 등을 통해 최후의 심판과 관련된 일을 좀 더 신속하게 처리하려 했고, 이렇게 해서 신의 일을 조금 덜어주려 했다. 글을 알거나 섹스에서 즐거움을 얻는 여성은 지옥에 가야 한다는 주장을 신이 실제 어떻게 생각하는지 기다리는 대신, 사람들은 그런 여성을 장작더미 위에 세워 직접 판결을 내렸다. 이 모든 일이 주님의 이름으로 행해졌다. 모든 게 명쾌했다.

한편 3대 아브라함 종교(그리스도교, 유대교, 이슬람교)에는 개인의 심판만 있는 게 아니다. 이 세 종교에는 전 세계를 대상으로 하는 최후의 심판 개념이 존재한다. 이 심판의 결과에 따라 진정한 낙원에 도달하거나, 종교 소속과 관계없이 영원한 저주와 영혼의 궁극적 파괴를 맛보게 된다. 그리스도교 '최후의 심판'에서는 예수가 다시 부활하여 정의로운 세계를 건설하기 위해 산 자와 죽은 자를 심판한다. 이슬람 신앙에서 선한 망자는 최후의 심판이 끝난 후 낙원에 있는 알라에게 갈 때까지 잠을 자면서 기다리지만, 악하거나 신앙이 없었던 망자는 지옥으로 가게 된다. 유대교의 저승관과 최후의 심판관은 시간이 지나면서 그리스도교와 이슬람교보다 더 크게, 더 자주 바뀌었다. 오늘날 일부 유대교인은 죽음을 수면 상태의 일종으로 보기도 하고, 또 다른 유대교인들은 계속해서 엄격한 최후의 심판 개념을 철저하게 유지한다.

장례와 관련된 종교 관습과 의례는 신앙에 따라 다르지만, 밖에서 보면 이 세 종교의 장례 의식 자체는 매우 비슷하다. 매장은 세 종교에 모두 널리 퍼진 장례 방식이며, 특히 이슬람교와 유대교의 부활은 육체와 깊이 연결되어 있어서 두 종교는 화장을 금지한다. 특히 이슬람교에서는 시신을 묻을 때 관을 사용하지 않는다. 무덤 안에 아마포로 만든 큰 수건을 깔고 얼굴을 메카가 있는 방향으로 향하게 한다. 개인적으로 나는 이슬람의 매장 방식이 시신을 관 속에 눕히는 것보다 훨씬 바람직하고 자연적이라고 생각한다.

서양에서는 일반적으로 장례식을 검은 복장, 교회, 끝없이 이어지는 종교적 행위와 연결한다. 무신론자들은 이 과정을 불만스럽게 여긴다. 평생 종교를 믿지 않고 신앙심도 없는 사람인데도 종교적 의례에 따라 묻혀야 할까? 역사적으로 서양에서 장례의식은 '늘 그렇게' 일률적으로 진행되어 왔지만, 오늘날에는 철저히 개인적인 장례식을 구성할 기회가 많다. 다만 감히 시도를 못하거나 방법을 모를 뿐이다. 장례의식의 목적은 참석자들을 위로하고 슬픔을 덜어 주는 데 있다. 그러므로 장례식은 망자의 소망에 맞추어 유족에게 도움을 주는 방향으로 구성되어야 할 것이다.

원하지 않는데 자신의 추모 자리를 '아베 마리아'로 가득 채울 필요는 없다. 장례식에서 모두 검은 옷만 입어야 할 필요도 없으며, 성직자만 추모사를 할 수 있는 것도 아니다. 점점 더 많은 이들이 이 오래된 전통을 깨려는 과감한 시도를 하고 있으며, 자유로운 장의사들이 여기에 많은 도움을 준다. 이들이야말로 중요한 계몽 작업을 이끌고 있다. 나는 이전에 한번 성직자가 아닌 사람이 주관하는 비종교적 장례 의식에 참석한 적이 있었다. 그 추모식에서 우리는 하드록 밴드 AC/DC의 '지옥으로 가는 고속도로Highway to Hell' 같은 노래를 들으며 교회 안에서 춤을 추었고, 추모객들은 일률적인 검정색이 아니라 색색의 옷을 입고 있었다. 많은 웃음이 있었고, 신발이 검은색이 아니라는 이유로 무례를 당하는 사람도 없었다.

사실 독일의 장례법은 여전히 엄격하다. 관에 대해서는 정해진 규칙이 있고(이슬람교 공동묘지에 매장되더라도 반드시 관이 있어야 한다), 매장 장소에 대한 규정도 있으며, 화장된 유골이 들어 있는 납골함은 집으로 가져갈 수 없다는 규정도 있다. 이런 장례 규칙이 얼마나 오랫동안 유지될 수 있을지 나는 회의적이다. 유골함 관련 규정의 폐지는 시간문제다. 사람들이 유골함을 자기 집 정원에 묻거나 벽난로 위 장식대에 세워 두기까지는 그리 오래 걸리지 않을 것이다. 공동묘지는 이미 과부하가 걸려 서서히 쓰러져 가고 있기 때문이다.

다음 세대를 위한 삶의 기초를 만드는 천장

공동묘지는 조금 으스스하지만, 장례에 있어서는 그래도 대중적인 장소다. 아마 장례 방법이 획기적으로 바뀌지 않는다면 이 책을 읽는 사람 중에서도 많은 이들이 공동묘지에 묻힐 것이다. 하지만 모든 문화권에 공동묘지가 존재하는 건 아니다.

불교에서는 생명의 순환과 환생을 믿는다. 이 순환에서 벗어나 모든 고통이 제거된 '열반'에 도달하는 것이 궁극적인 목적이다. 불교 신앙에 따르면 계속 환생하면서 이 순환에 묶여 있는 이유는 우리의 마음이 욕망에 따라 움직이고, 그 욕망을 쉽게 놓지 못하기 때문이다. 이 욕망을 극복하지 못하는 한 인간은 이 세계에 계속 묶여 있게 된다.

오늘날 불교의 화장 의식은 널리 퍼져 있다. 그런데 불교에서도 매장을 한다. 다만 무덤을 매우 단순하게 만들고 다른 화려한 장식을 하지 않을 뿐이다. 불교 장례의식의 흥미로운 예외는 티베트에 있다.

티베트는 '세계의 지붕'이라고 불린다. 평균 고도가 4,000미터 정도로 굉장히 높기 때문이다. 즉 티베트는 대체로 높은 산악지대로 이루어져 있다. 그래서 누군가를 단정하게 묻어 줄 부드러운 땅이 없다. 게다가 제대로 화장을 하기에는 땔감이 부족하다. 그래서 티베트에서는 불교 문화권치고는 다소 이례적인 '천장天葬'을 시행했고, 나름의 종교적 근거를 바탕으로 이 장례 방식을 정당화했다. 조장鳥葬이라고도 불리는 이 장례 방식은 오늘날까지도 특정 지역에서는 실제로 이루어지고 있다.

사람이 죽으면 가족들은 이 시신에게 수일간 상징적으로 식사를 제공한다. 이때 고위 성직자인 라마승이 사자의 서를 독경한다. 3~5일이 지나면 시신을 장례 장소로 가져가는데, 그곳에서 조장사들이 시신을 맞이한다. 조장사는 우리 식으로 말하자면 장례지도사로, 조장의 준비 과정은 우리의 장례 준비와는 다르다.

먼저 조장터 근처에 큰 무리를 이루며 살고 있는 독수리 몇 마리를 시신 근처로 꾀어낸다. 독수리들이 시신에 더 쉽게 접근하도록 조장사는 죽은 사람의 몸을 토막 내는데, 절단 방법은 지역에 따라 다양하다. 예를 들자면 이런 식이다. 먼저 시신을 뒤집어 눕힌 뒤 등을 절개하여 열고 갈비뼈를 따라 두 개의 거대한 칼집을 낸다. 그다음 몸을 바로 눕혀 복강을 절개하여 개방한다. 그다음에는 독수리가 더 쉽게 시신 조각을 가져갈 수 있게 뼈를 어느 정도 돌로 깨부순다. 티베트에서는 독수리들이 시신을 먹고

다시 하늘로 날아갈 때, 죽음과 환생 사이의 중간계인 바르도 Bardo로 망자를 데려간다고 믿는다.[53]

죽음의 서를 암송하고 시신을 절개하는 등의 조장 과정을 제대로, 조심스럽게 치르지 못하면 죽은 사람은 악령으로 돌아와 살아 있는 사람들에게 몰래 찾아간다는 믿음이 있다. 그래서 이 모든 과정을 특별히 관장하는 서비스 제공자가 있다. 가족은 그에게 비용을 지불하고 훌륭한 전문가의 손에 시신을 맡긴다.

천장은 다른 문화권에도 존재하며 지금도 그렇다. 의식과 준비 과정은 종교에 따라 다르다. 가끔 시신을 통째로 스텝 지역에 놓아두기도 하는데, 이런 곳에서는 독수리뿐만 아니라 다른 동물도 천장에 참여한다. 진지하게 말하면, 천장은 내가 꿈꾸는 장례 방식이다. 자원을 낭비하고 공기를 오염시키는 화장 대신 동물, 균류, 박테리아 다음 세대를 위한 삶의 기초를 만들어 주는 방식이기 때문이다. 이보다 아름다운 장례 방식은 상상하기 어렵다.

장례 의식에도 위험이 뒤따른다면

오늘날에는 약간 문제가 되는 전통 장례 의식도 있다. 마다가스카르의 촌락에는 시신을 반복해서 매장하는 풍습이 있다. 약 10년에 한 번씩 무덤을 열고 고인의 유골을 꺼내 값비싼 새 천으로 감싼 다음 다시 땅에 묻는다. '파마디하나'[54]라고 불리는 이 예식은 마다가스카르의 조상숭배에서 가장 중요한 축제 예식이다.

파마디하나는 일정한 시간 간격을 두고 거행되기도 하고, 가족에게 불행이 닥치거나 가족 중 누군가가 범죄를 저질렀을 때 조상의 영을 달래기 위해 진행되기도 한다. 이 의식을 통해 조상의 영이 가족에게 다시 호의를 보이고, 분노로 해를 끼치는 대신 보호해 주기를 기원하는 것이다.

이 장례 예식은 상당히 위험하다. 묻혀 있던 시체를 다시 파내는 과정을 거치기 때문이다. 오늘날 마다가스카르에 폐 페스트가 확산된 원인이 바로 여기에 있다고 보는 시각도 있다. 페스트로 사망한 사람들의 묘를 파헤치는 과정에서 이 질병이 퍼져나갔다는 것이다. 마다가스카르 정부는 페스트로 죽은 사람에 대해서는 파마디하나 예식을 금지했지만 정부의 지침을 무시하는 경우가 많다. 비록 그 영향이 치명적이라 하더라도 종교의 관점에서 보면 이해할 수 있는 일이기도 하다.

이외에도 오늘날 금지당하는 장례의식은 많다. 파푸아뉴기니섬에 사는 다니족은 죽은 사람을 미라로 만들고 가까운 친척 여성의 손가락 마디를 절단하는 오랜 관습이 있었다.[55] 그들은 손가락 마디 절단을 통해 사람들은 죽은 사람의 영이 다시 돌아오지 않기를 기원했다. 망자의 영이 마을에 몰래 찾아와 해를 입힌다는 두려움이 있었던 것이다. 더욱이 사람들은 손가락 마디를 자르면서 가까운 사람의 상실로 느끼는 감정적 고통을 물리적으로 표현하려고 했다.

이 절단 의식의 실행 방법은 상당히 잔인하다. 돌칼로 마디를 잘라 내거나, (자, 이제 당신의 비위가 강하기를 바란다) 손가락 관절이 약해질 때까지 손가락 관절을 깨문다. 그다음 끈으로 피가 나는 곳을 묶어 손에서 손가락 마디를 분리한다. 스스로 죽어서 떨어질 때까지 손가락 마디를 묶어 두는 방법도 있다. 느리고 위험하며 고통스러운 방법이다. 잘린 손가락 마디는 예식을 갖추어 불에 태우거나 특별한 장소에 하나씩 매장했다. 손가락 절단은 몇 년 전에 인도네시아 정부에 의해 금지되었고 실제로도 거의 사라졌지만, 여전히 이 의식을 치르는 전통 공동체들이 있다.

표준화하지 않기

지금까지 본 것처럼 장례의식에는 검은 옷과 묵주 기도 외에도 엄청나게 다양한 방법이 있다. 장례의식은 우리 개개인만큼 그리고 장례의식과 연관된 저승관만큼 개별적이며 다양하다. 많은 문화권에서 장례 예식은 즐거운 축제다. 손님들은 죽은 사람을 향한 존중의 의미를 담아 춤추고 마시고 웃는다. 나는 이런 모습이 그리스도의 영향을 받은 무덤덤한 경건함보다 훨씬 아름답다고 생각한다. 이런 경건함은 특히 '인간은 이런 생각을 해야 한다'와 '이런 행동이 좋은 행동이다'와 같은 경직된 규범적 사고에서 출발한다. 장례식 의복만 봐도 어디서나 검은 옷을 입는 건 아니다. 불교에서는 흰색을 입으며, 유럽 왕족들은 연보라색을 입는다. 아프리카에서는 특별한 애도의 색이나 복장이 없으며, 그냥 일상에서 입는 옷을 입고 장례식에 간다. 나는 이 편이 훨씬 좋다. 나의 장례식 때 내가 사랑하는 사람들이 암울한 검은색 정장을 입고 교회에 앉아 침묵 속에 울고 있는 걸 상상하면 어떤 위안이나 위로감도 느낄 수가 없다. 물론 그들의 기분은 다를 수도 있겠지만 말이다. 그보다는 나의 지인들이 고통과 슬픔을 춤으로 날려 버리는 모습을 상상하고 싶다. 물론 그들이 원한다면 말이다. 만약 필요하다면 고요한 곳을 찾는 것도 좋을 것 같다.

　　나는 애도와 같은 인간적이고 개인적인 감정을 제도라는 강제 안에 몰아넣고 표준화하지 않는 것, 그리고 어떤 것은 옳고 다른 것은 틀리다는 식으로 범주화하여 규정하지 않는 일이 중요하다고 생각한다. 의례는 종종 도움이 되며 무엇을 해야 할지 알 수 없을 때 일정한 형식과 틀을 제공해 주지만, 강제는 생산적이지 않다. 모든 사람이 각자 개인의 삶을 살아가듯이, 우리는 각자 개성에 맞는 장례식, 함께하는 사람들과 서로 연결된 느낌을 주는 예식을 만들어야 할 것이다. 어딘가에서 훔쳐보고 모방한, 낯선 교본 같은 예식 대신 말이다. 슬퍼하는 사람을 대하는 방식도 이렇게 개인적이어야 할 것이다. 그래서 나는 이 책의 마지막에서 짧게 애도를 다루고 싶다.

제6장

슬픔을 인정하고 애도하는 법

고통스러운 감정과 직면하기

헤르미네가 떠난 후 나는 예상보다 훨씬 큰 슬픔을 느꼈다. 지금껏 나는 늘 내가 키웠던 반려동물의 죽음에 대체로 이성적으로 대처했고, 헤르미네 이전에도 이미 작은 생명체 여러 마리를 땅에 묻었다. 이전까지는 아주 잘 극복해 왔다. 그래서 나는 헤르미네의 죽음을 극복하는 일이 이토록 어렵다는 사실에 스스로 놀랐다.

보름 동안은 일상생활을 하는 중에도 갑자기 울음이 터지곤 했고, 그때마다 스스로를 다그쳤다. '이런, 맙소사! 정신 차려, 그냥 햄스터잖아!' 심지어 이 이야기를 쓰고 있는 지금도 나는 여전히 부끄러움을 느낀다. 애도의 감정은 예측하기가 힘들고 매우 개인적이다. 나는 이런 애도 감정의 특징을 당시에 몸으로 직접 깨달았다. 헤르미네가 세상을 떠났을 때 나는 별아이Stern-enkind 재단에서 사진사로 자원봉사 활동을 하면서 막 아기를 잃은 부모와 함께 일을 했다(Sternenkind는 독일어로 '별아이'라는 뜻으로 갓 태어난 직후, 혹은 출산 중에 세상을 떠난 아기를 뜻한다 - 옮긴이 주). 나는 이런 사람들과 함께 일하면서 내가 '단지' 햄스터 한 마리 때문에 이렇게 슬퍼하고 있다는 게 마음이 불편했다. 나는 슬퍼할 권리가 없는 사람처럼 느껴졌고, 이런 '사소한 일'로 슬퍼하는 건 잘못된 것처럼 느꼈다. 그러나 나는 나의 슬픔을 억누를 수가 없었다. 내 친구 이아니나가 암으로 세상을 떠났을 때 느낀 슬픔과는 또 달랐다. 그때의 슬픔은 훨씬 고요하고 작았지만 결코 사라지지 않았다. 이런 상황이 나를 짜증나게 했다.

상실의 슬픔과 애도 작업

상실의 슬픔에서 나오는 애도 감정은 인간이 느낄 수 있는 가장 깊고 자연스러운 감정이다. 인류 역사의 초기 기록에서도 이 감정이 언급된다. 또한 애도의 감정을 의례로 표현하고 물리적으로 드러내기 위한 관습들이 존재했다.

슬픔은 가까운 사람의 죽음에서 느끼는 감정만을 의미하

지 않는다. 깨진 우정을 슬퍼할 수도 있고, 나쁜 건강 검진 결과에 슬퍼할 수도 있으며, 직장을 잃었을 때나 반려동물이 도망갔을 때도 슬픔을 느낄 수 있다. 우리는 모든 것이 늘 '잘 돌아가기'를 원하는 최적화된 능력사회에 살고 있다. 이런 사회에서 우리는 때로 슬픔과 애도를 오작동이라고 생각한다. 그러나 이는 오작동이 아니다. 오작동이라면 그러한 감정과 반응이 그렇게 보편적이고 규칙적으로 나타나지는 않을 것이다. 애도는 상실을 경험할 때 나오는 정상적인 심리 반응이며, 오히려 나타나야 할 상황에서 슬픔이 생기지 않는 것이 더 우려스러운 일이다.

애도는 우라지게 아프다. 다르게 표현할 재간이 없다. 그 고통이 너무 커서 자신을 완전히 쪼개 놓는다고 생각하는 사람도 있다. 이런 상황에서 우리는 타인과의 친근함을 더는 견디지 못하고 자기 안으로 후퇴하기도 하고, 평소에 기쁨을 주었던 일들에 흥미를 잃어버리며, 힘들게 겨우 일상을 꾸려가면서 이전에는 어땠는지를 전혀 기억하지 못하기도 한다. 우리는 공황발작과 어두운 우울 사이를 왕복하고 다른 사람이 우리를 이해하지 못한다고 느낀다. 외부인들은 돕고 싶어도 도울 방법을 몰라 절망감을 느낀다. 그래서 애도 감정은 당사자뿐만 아니라 당사자의 주변으로도 뻗어 나가는데, 애도 대상자와 직접 관련이 없는 주변 사람도 슬픔의 영향을 받는다. 이처럼 가까운 사람이 상실의 슬픔에 빠져 있으면, 우리도 함께 그 감정을 느끼고 그 사람과 같은 무력감을 느끼게 된다.

상실의 슬픔을 이야기할 때 '애도 작업'이라는 단어 또한 매우 일찍 등장하는데, 이는 대단히 적절한 일이다. 상실의 슬픔은 사람을 매우 힘들게 하고, 이를 극복하는 일은 더욱더 힘들기 때문이다. 슬픔을 극복한다는 말은 자신이 전혀 원하지 않는 상황에서 대상이나 사람을 놓아 주는 것을 의미한다. 어떤 사람들은 종종 잃어버린 사람을 계속 곁에 가까이 두려고 노력한다. 어느 다큐멘터리 영화에서 나는 죽은 아들의 방에서 7년째 살고 있는 여성을 보았다. 그녀는 슬픔을 쉽게 놓지 못했고, 그 때문에 많이 아팠다.

이런 감정 때문에 혼란에 빠져 일상을 꾸려가지 못하는 경우가 인간에게만 생기는 건 아니다. 바로 위에 언급된 아들을 잃은 어머니에게 일어나는 일이 때로는 동물에게도 일어난다. 동물들도 상실의 슬픔을 느끼고 이에서 벗어나지 못한다.

갓 태어난 새끼가 30분 만에 죽었을 때 엄마 범고래 탈레쾨는 17일 동안 죽은 새끼를 코에 얹어 물 위에 데리고 다녔다.[56] 30분이라는 시간은 엄마 범고래가 아기 범고래와 내면의 관계를 쌓는 데 충분한 시간이었다. 하지만 엄마 범고래의 이런 행동은 엄마 범고래 자신에게도 위험한 일이었다. 죽은 아기 범고래를 데리고 다니느라 힘을 거의 완전히 소모했기 때문이다. 같은 집단에 있던 다른 범고래들도 이 아기 범고래가 파도 속에서도 물 위에 떠 있도록 조금씩 도와주었다. 마침내 엄마 범고래는 아기 범고래가 죽었고 다시 오지 않는다는 걸 감정적으로 이해하게 되었고, 결국 아기 범고래를 보내 줄 수 있었다.

이 범고래처럼 우리 인간들도 떠난 사람에 대한 생각이나 미련을 놓아 버리는 일이 쉽지 않다. 무언가 근본적으로 잘못을 저지르는 것 같다는 느낌을 받기 때문이다. 배신, 망각 같은 것이 떠오르고, 놓아 버리는 순간부터 또 다른 외로움만 우리를 기다릴 것 같은 느낌을 받는다. 그래서 나는 상실을 '극복'해야 한다는 말은 피하려고 한다. 그보다는 이렇게 표현하고 싶다. 상실의 슬픔에 빠진 사람은 죽은 이와 관계를 새롭게 정립해야 하고, 그 안에서 자기 자리를 새롭게 정해야 한다. 그리고 떠난 사람은 내면의 무대에만 등장할 뿐, 더는 현실의 인간으로 존재하지 않는다는 걸 배워야 한다.

친구 이아니나가 암으로 떠났을 때, 나는 이아니나와 더는 얘기할 수 없다는 조금 웃긴 생각을 했다. 더는 이아니나와 대화할 수 없고, 더는 이아니나가 보내는 편지를 기다릴 수 없다는 느낌. 내 안에서는 계속해서 이아니나에게 전해 줄 이야기가 생겨났지만, 그 이야기의 수신자가 갑자기 사라져 버린 것이다. 나는 오랫동안 이아니나에서 벗어나지 못했다. 만약 이아니나를 놓아 버리면 다시 한번 이아니나를, 그것도 이전보다 훨씬 더 결정적으로 잃어버릴 것 같은 느낌을 받았기 때문이다. 나는 이아니나와 새로운 정신적 관계를 형성해야 한다는 걸 이해하기까지 꽤 오랜 시간이 걸렸다. 여기서 정신적 관계란 영적 관계도, 형이상학적 관계도, 종교적인 의미도 아니다. 나는 이아니나를 향한 나의 내면적 태도를 바꾸어야 했고, 그렇게 이아니나와의 관계를 생각의 상태로 바꿀 수 있었다. 나는 이아니나와의 관계를 바꾸는 법을 배워야 했다. 누군가가 죽었다 해도 그 사람을 향한 사랑이 함께 사라지는 건 아니다. 사랑은 여전히 내 안에 살아 있고, 단지 수신자가 사라진 것뿐이다. 나는 이아니나의 부재에서 이 수신오류의 문제를 겪고 있었다. 나는 이 사랑의 방향 전환을 시도해야 했다. 그리고 이 전환은 애도 작업을 통해 이루어진다.

애도는 질병일까

상실을 다룰 때, 당사자와 주변 사람들은 먼저 애도가 무엇인지 이해해야 한다. 애도는 가끔 과도한 반응으로 받아들여져, 사람들은 정상적 애도 반응을 가끔 '병리적' 애도, 즉 질병으로 착각한다. 이런 상황은 좋지 않다. 이런 오해 때문에 애도하는 사람은 점점 더 움츠리게 되고 자신의 감정을 부끄러워하기도 하며 자신을 향한 분노를 키우면서 '제대로' 슬퍼하지 못하거

제6장 슬픔을 인정하고 애도하는 법

나 '너무 빨리' 슬퍼하게 된다. 그러면 스스로를 받아들이기가 더욱 어려워진다.

자신의 애도 감정을 인정하는 일은 중요하다. 특히 각자 선택할 수 있는 범위 안에서 온전하게 받아들일 수 있어야 한다. 말로는 쉬운 것 같지만, 오늘날처럼 변화가 빠른 사회에서 이를 실천하는 일은 결코 쉽지 않다. 가까운 가족이 죽으면 직장에서는 보통 하루에서 사흘 정도 휴가를 준다. 당신에게 아이가 있고 그 아이가 죽었다고 한번 상상해 보라. 법령에 따르면 당신은 나흘째 되는 날 다시 직장에 출근하여 아무 일 없었다는 듯이 일해야 한다. 터무니없는 상황이다. 추가적으로 병가가 허락되지 않는 한 다른 선택의 여지가 없다. 하지만 이런 경우에는 병가가 필수적이다. 심리적으로 그리고 종종 육체적으로도 일을 전혀 할 수 없는 상황이기 때문이다. 의사 앞에 앉아 "우리 아이가 죽었어요"라고 말하는 사람의 병가 여부를 토론할 필요는 없을 것이다. 의사도 이렇게 대답하지는 않을 것이다. "제발 감정은 자제하고, 마음을 굳게 가지세요." 그러나 이런 상황에서 병가를 얻기 위해 진단서를 받아야 하는 상황은 다소 문제가 있다. 슬픔에 빠진 사람뿐 아니라 주변에 있는 사람에게 애도 감정이 질병이라는 메시지를 전하기 때문이다.

어떤 사람들은 이 어려운 상황과 병가의 필요성 사이의 관계를 자본주의적 능력사회에서 자주 발생하는 단순한 관리 문제로 보지 못한다. 그들은 정상적인 애도 반응으로 병가를 낸 사실을 불편해하면서, 가능한 한 빨리 애도를 끝내야 한다는 강박을 느낀다. 왜냐하면 회사나 동료들이 그렇게 하기를 기대할 거라 생각하기 때문이다(유감스럽지만 실제로는 이런 일이 무척 자주 일어난다).

애도 감정은 때로 정말로 몸이 아픈 것 같은 느낌을 주기도 한다. 우울증에 동반되는 신체 증상이 애도 감정을 느낄 때도 종종 나타나, 진짜 아플 때 함께 오는 증상이 생긴다. 그래서 꽤 많은 사람들이, 실제로는 전혀 그렇지 않음에도 스스로 평범한 슬픔에 빠진 게 아니라 우울증에 걸렸다고 믿는다. 아들이 사고로 죽은 후 보름 만에 다시 회복하지 못했기 때문에 병에 걸렸다고 생각하는 것이다.

슬픔에 빠진 사람에게 나타나는 신체 증상은 다양하다. 식욕을 잃거나 극단적인 식탐이 생길 수도 있고, 성욕을 잃어버리기도 하며, 불면증이 생기기도 한다. 위장 장애가 생기기도 하고, 호흡 문제가 생기거나 심장병으로 착각할 만큼 가슴이 답답하기도 하다. 만성 질병이 있는 사람은 그 질병이 더 악화될 수도 있다. 면역계가 약화되어 감염병에 더 잘 걸리기도 한다. 심장이 아주 빠르게 뛰는 빈맥이 나타나거나, 그냥 몸이 안 좋고 힘이 없다고 느낄 수도 있다. 심지어 신체에 통증이 생길 수도 있다.[57] 이런 신체적 반응은 상상이 아니라 실재한다. 육체적 고통은 진짜 존재하고, 심장 박동은 정말로 빨라졌으며, 비유가 아니라 문자 그대로 구토를 한다. 스스로나 주변에서도 이 증상들을 '진짜'로 여기고 받아들이는 일이 매우 중요하다. 단순히 어떤 상상  의 형태로 치부해서는 안 된다. 이런 태도는 상황을 더 나쁘게 만들고 애도 작업을 방해할 수 있기 때문이다.

이런 신체 증상이 애도 감정 때문이라는 사실을 모르는 경우가 많다. 사람들은 대체로 심리적 증상에 더 관심을 두고, 슬픔이 육체적으로 드러날 수 있다는 사실을 잘 모르기 때문이다.

심리 증상의 형태도 매우 다양하다. 거대한 무력감과 회의감이 생겨나고, 분노가 폭발하기도 한다. 또한 애도 감정은 죄의식과 매우 자주 연결된다. 할머니를 좀 더 자주 방문했어야 했어. 왜 지난주에 전화를 드리지 않았을까? 내가 집에 있었더라면 심장마비가 온 남편을 구할 수 있지 않았을까? 왜 나는 아이에게 바다 수영을 허락했을까? 왜 좀 더 잘 살피지 않았을까? 이런 죄의식은 아무 근거가 없는 경우가 많지만, 정신적 방어체계가 약해져 내면의 속삭임에 쉽게 넘어가는 시기에는 이런 죄의식을 막아 내기 어렵다.

더 나아가 애도 감정은 두려움과도 관계가 깊다. 적절한 때에 다시 '정상'으로 돌아가지 못할 것 같은 두려움, 죽은 사람 (혹은 햄스터) 없이는 더는 삶을 잘 헤쳐 나가지 못할 것 같은 두려움, 그리고 자신의 죽음에 대한 두려움.

이 시기에는 세상의 모든 감정이 한꺼번에 마구 뒤섞여서 느껴지는 것 같다. 산을 오르다 갑자기 낭떠러지로 내동댕이쳐지는 기분이다. 편안하게 있을 때 갑자기 안에서 분노가 차오르거나 증오가 생기기도 하며, 이런 감정에 스스로도 충격을 받는다. 그다음 순간에는 울먹이며 자기연민을 느끼기도 한다. 갑자기 집안 청소에 몰두하다가 다시 소파에 몸을 던지고 엉엉 울기도 한다.

상실의 슬픔에 빠진 사람들은 마치 누군가로부터 원격 조정을 당하는 느낌을 받는다고 이야기한다. 스스로 통제할 수 없거나 자신의 감정을 어떻게 할 수 없는 것 같은 무력감을 느낀다고 한다. 결단력이 떨어지고, 패배감에 휩싸인다고 한다. 그 밖에도 애도자들은 종종 모든 것과 어떤 생소한 거리를 두고 사는 것 같은 느낌을 받는다. 마치 달걀 위를 걷는 것 같은 느낌이고, 실비아 플라스Sylvia Plath의 소설 제목처럼 유리종 안에 갇혀 있는 사람 같다.

이 정도로는 부족하다는 듯이, 애도 반응이 강해지면 정신병리로 의심되는 증상도 나타난다. 내가 별아이 재단에서 활동할 때 만났던 한 엄마는 아기가 세상을 떠난 후에도 한동안은 밤마다 아기가 뱃속에서 발차기하는 느낌을 받았다고 한다. 어떤 사람은 밤마다 세상을 떠난 사람이 방구석에 서 있는 걸 보고 완전히 이성을 잃을 것 같은 끔찍한 두려움에 빠진다고 말한다. 당사자는 이런 상황을 경험하면서 커다란 부끄러움을 느끼고, 여기에 제3자의 평가절하가 더해지면 당사자는 이런 증상을 숨기게 된다. 만약 이런 증상이 은폐를 통해 더욱 강화되고, 실제로 정신병리적 문제로 밝혀지면 상황은 더 나빠질 수 있다. 이런 경험은 병적인 애도 반응이 있는 건 아닌지 의사를 찾아가 최소한 검사라도 받아야 할 때라는 걸 알려 주는 경고다. 이런 현상들이 반드시 병리적인 건 아니지만, 오랫동안 지속되거나 환청이 들리고 지금 일어나는 일을 더는 정리하지 못하게 되면, 병에 걸렸을 가능성이 있다.

소위 '죽음 이후 접촉post death contact'이 가끔씩만 일어나고 공포를 일으키지 않는다면, 애도자에게 큰 도움을 주고 치유 효과도 낼 수 있다. 이 현상은 고인이 세상을 떠난 후에도 애도자를 돌보고 있다는 느낌을 주고, 애도자는 때로 이 경험을 통해 엄청난 도약을 경험할 수도 있다. 최근 연구에서 증명된 결과다. 애도자에게 도움이 된다면 그걸로 좋은 일이다.

애도를 단계로 구분하려는 시도는 꾸준히 있었는데, 나는 이 작업이 정말 어렵다고 생각한다. 우리는 이런 틀에 지나치게 집착하고, 우리 자신의 애도, 또는 우리와 가까운 사람들의 애도 과정을 이 틀에 맞추려고 한다. 그리고 이 틀과 완전히 일치하지 않으면 '잘못된' 애도라고 믿는다. 하지만 이제는 분명하게 말할 수 있다.

잘못된 애도는 없다.

우리가 죽음을 받아들이는 과정

애도를 허락할 정도로 슬픔의 원인이 충분히 강한지를 객관적으로 평가할 수도 없고, 다양한 애도 행위를 옳고 그름으로 평가할 수 없다. 병리적 애도 반응도 '틀린' 것이 아니라 그냥 병일 뿐이다. 어떤 일이든 일어날 수 있다. 우리가 무언가 '올바르지 않게' 했거나, 어떤 지침이나 규정, 모형을 따르지 않은 것과는 아무 상관이 없다. 다만 모형을 단순하게 추상화된 사례 또는 일종의 예시로 받아들일 수 있다면, 모형은 우리에게 애도 과정을 이해할 수 있는 단서를 제공해 준다. 모형의 어떤 점은 자신의 경험과 일치할 것이고, 어떤 단계는 맞지 않을 것이다. 그래도 괜찮다.

애도 감정은 어떻게 진행될까

우리가 어떤 식으로 애도를 경험하는지를 알려 주는 예시로 애도 모형 하나를 살펴보자. 이 분야에서 가장 유명한 것은 베레나 카스트Verena Kast의 4단계 애도 모형이다.[58]

'첫 번째 단계'에서 우리는 죽음을 인정하지 않고 그 상황을 부정하고 싶어 한다. 또한 스스로의 감정을 부인하고, 지금까지 살아왔던 것처럼 계속 살아가려고 한다. 특히 고인의 죽음이 갑작스러울수록 애도자는 이 단계에 더 오래 머문다. 사고, 심장마비, 뇌졸중 혹은 자살같은 예기치 못한 사건의 경우가 그렇다.

'두 번째 단계'에서는 이 세상에 있는 거의 모든 감정이 우리를 기다리고 있다. 분노, 슬픔, 증오, 행복, 두려움, 죄의식, 무력감, 희망 등이 모두 뒤죽박죽 섞여 있다. 다양한 신체적, 심리적 증상이 나타나고, 뭔가에 홀린 것처럼 책임을 돌릴 사람을 찾는다. 그 대상이 사고를 낸 운전사나 수영 안전 요원이 될 수 있고, 심지어는 우리 자신이 될 수도 있다. 우리가 이 단계에 얼마나 머물지는 우리가 느끼는 죄의식의 강도에 달려 있다. 애도 작업을 통해 다음 단계로 계속 나가지 못하면 이 단계에서 정말로 우울증에 걸릴 위험이 크다.

카스트가 제안한 '세 번째 단계'에서 애도자는 죽은 사람에 대한 기억을 되살리려고 자주 시도한다. 애도자는 친구나 아버지 또는 햄스터가 진짜 떠났다는 것을 끊임없이 스스로 분명하게 새겨야 한다. 종종 고인의 사진을 찾기도 한다. 부모는 아이와 가까이 있는 기분을 느끼려 죽은 아이의 침대에 눕는다. 이런 행동은 모두 자연스러운 애도 행위이지만, 잘못된 길로 빠져 죽은 사람과 '가짜 삶'을 지속해 나가는 것은 주의해야 한다. 이 3단계에서 분리가 완성된다.

이렇게 우리는 '네 번째 단계'에 들어선다. 수용의 단계다. 이 단계에서 우리는 고인이 돌아오지 않으며, 지금부터 바로 고인 없이 삶을 계속 꾸려가야 한다는 사실을 서서히 받아들일 수 있게 된다. 죽은 사람은 이제 애도하는 사람의 내면의 무대에 있는 형상일 뿐, 더는 외부 세계에 현실의 인간으로 등장하지 않는다. 내면의 무대를 만드는 것은 썩 괜찮은 방법이다. 내면의 무대는 고인과 새로운 관계를 맺고, 고인이 계속해서 우리 안에 머물 수 있게 해주며, 고인을 향한 사랑을 없애거나 잊어버리는 게 아니라 그 방향을 전환할 수 있게 해준다. 우리는 상실이 매우 힘든 일이라는 걸 배우지만, 동시에 애도 작업을 통해 남겨진 사람들도 이전과 마찬가지로 계속 살아갈 수 있음을 경험하고 알게 된다. 그렇게 상실 이후에 세계 자기 자신의 관계를 재구성하는 것이다.

중요한 것은 나의 감정이다

카스트의 애도 단계 모델은 우리가 애도의 과정에서 겪는 사건과 감정을 풍부하게, 그리고 대단히 체계적으로 정리한 것처럼 보인다. 이 과정에 대한 설명을 보면, 사람들은 우리가 겪는 애도의 단계가 다음 그림처럼 진행된다고 상상할 것이다.

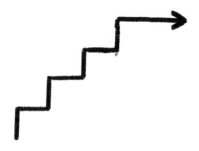

처음에는 부정하다가, 다음에는 혼란에 빠져 죽음에 대한 책임을 따지다가, 어느 정도 시간이 지나면 죽은 사람을 추억하고, 마침내 내면화한다는 4단계 과정은 마치 우리가 애도 과정에서 반드시 지나쳐야 하는 통과의례처럼 들린다. 세상에 태어나서 자라다가 성인이 되면 결혼을 하고 아이를 낳은 뒤 늙어서 결국 죽음을 맞이한다는 보편적인 인간의 삶처럼 말이다. 하지만 실제로 모든 사람이 모두 결혼을 하거나 아이를 낳지는 않는 것처럼, 우리의 애도 과정 역시 이렇게 일률적으로 적용되지는 않는다.

우리가 실제로 경험하는 애도 과정을 그림으로 표현한다면 이런 형태에 가깝다.

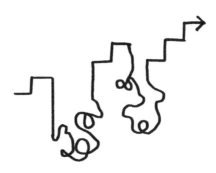

다시 한번 당부한다. 연구자들이 만들어 낸 이런 모델에 집착해서는 안된다. 이런 연구와 모델은 대체적인 경향성을 보여 주기는 하지만, 모두가 이 과정을 따라가지는 않는다. 억지로 몸에 익혀야 하는 정해진 해답도 아니다. 이런 설명이나 모델이 도움이 되지 않는다면 그냥 버리는 게 낫다.

주위로부터 도움받기

애도 감정의 윤곽을 살펴보았다면 아마 이런 생각이 들 것이다. 그래, 모든 것이 훌륭하고 좋네. 그럼 이제 뭘 어떻게 해야 할까?

이 책에서 이미 여러 번 반복해 신물이 날지도 모르겠지만, 애도 작업에서 분명한 답은 없으며, 옳고 그름도 없다. 모든 사람은 각자 다르게 애도하기 때문에, 당연히 모두 서로 다른 도움이 필요하다. 다만 내가 애도자와 함께했던 경험에 기초해 몇 가지 사례를 보여 줄 수는 있다.

고인과의 작별 인사는 죽음을 받아들이는 데 중요한 역할을 한다. 애도자는 작별 인사를 통해 죽음이라는 현실과 마주하

제6장 슬픔을 인정하고 애도하는 법

고, 베레나 카스트가 제시한 모델의 1단계에 고착되는 일을 피할 수 있다. 여기서 작별 인사란 죽음의 과정을 옆에서 함께하거나, 이미 죽음의 단계를 지난 고인을 한 번 더 볼 기회를 얻는 것이다. 우리는 종종 시신을 보는 걸 견디지 못할까 봐 두려워하고, 특히 아이들을 보호하고 싶다는 마음에 할머니를 다시 보지 못하게 한다. 이런 행동은 아이들을 과소평가하는 일인데, 아이들은 이 이별에 기꺼이 동참하고 그 과정을 아주 잘 견디기 때문이다. 심지어 우리 어른보다 더 침착하게 대처하는 경우도 종종 있다.

그렇다고 극단적인 방법을 밀어붙이지는 마라. 아이에게 작별 인사를 강요하지 말고, 장례식에 억지로 데려가지 마라. 내 친구는 어린 시절 관에 누워 계신 할머니에게 작별 인사를 하고 마지막 뽀뽀를 하라고 강요당했다. 아직 어렸던 내 친구는 정말로 원치 않았지만, 어른들의 강요를 이기지 못해 억지로 관에 누운 할머니에게 뽀뽀를 해야 했다. 이 경험은 친구에게 트라우마로 남았고, 30대 중반이 된 지금까지도 여전히 이와 관련된 악몽을 꾸고 죽음 및 장례와 관련된 일에 대단히 큰 접촉 공포를 갖고 있다.

작별 인사는 '원래 그냥 그렇게 하기' 때문에 거행하는 단순한 사회적 예식이 아니라, 그가 떠났고 단지 육체적 껍질만 남았을 뿐이라는 현실을 인식하는 데 목적이 있다. 그러니까 이럴 때의 작별 인사는 누군가 세상을 떠났을 때 관례적으로 자주 듣는 조언과는 완전히 반대로 행동하는 것이다. "할머니를 살아 있을 때처럼 기억하라"라는 조언을 그대로 따른다면 애도자는 죽음을 받아들이는 대신 과거에 매달려 머물려고 한다. 이런 상황에서 애도 작업은 앞으로 나갈 수 없을 것이다. 고통스럽고 힘들지만, 상실의 슬픔은 현실과 대면할 때에야 비로소 치유될 수 있다.

한편 시신에 대한 공포는 실제 경험과 아무 관련이 없을 때가 많다. 사람들은 막연히 시신과의 작별 인사를 실제보다 훨씬 나쁜 것으로 상상한다. 그러나 시신은 여전히 우리가 사랑했던 사람의 몸이다. 내가 죽으면 나의 시신도 지금처럼 신선하지는 않을 것이다. 나의 가족이 내 시신을 보고 이런 생각은 하지 않기를 희망한다. '아, 노인네, 어떻게 이렇게 생길 수가 있지?' 죽은 뒤에도 나는 여전히 나다. 단지 조금 다른 상태일 뿐이다. 그리고 솔직히 말해서, 세상에 처음 올 때 우리 인간의 모습도 그리 단정해 보이지 않는다. 갓 태어난 아기들은 마치 소파 틈 사이에 끼어 완전히 구겨진 것 같은 외모를 하고 있지만 누구도 이 구겨진 모습을 두려워하지 않는다.

고통을 대면하는 일 또한 도움이 된다. 이 작업이야말로 우리가 가장 원하지 않는 일이기도 한데, 고통의 대면은 무척 불편하기 때문이다. 사람들은 이렇게 스스로를 설득하려 한다.

'할머니는 내가 할머니 때문에 우는 걸 결코 원하지 않아. 그러니 고통 같은 감정은 피하는 게 좋아.' 하지만 나는 오히려 이렇게 생각한다. '할머니는 내가 언젠가 더 나아지기를 원하셔. 좋아지는 척하는 게 아니라 정말로 좋아지기를 바라셔.' 그러니 그 아픔을 철저히 느껴라. 아픔을 피하지 마라. 이 빌어먹을 고통은 스스로 사라지지 않는다. 고통은 애도자가 자신을 느껴 줄 때까지 기다린다. 느끼지 않은 고통은 단지 뒤로 미루어졌을 뿐이며, 애도자는 언젠가 어떻게든 그 고통을 통과해야만 한다. 오랫동안 조용히 고통에게 괴롭힘을 당하는 것보다 차라리 '짧게' 아픔을 겪어 내는 게 낫다.

소리치고 울어라. 바닥에 몸을 던져라. 맨손으로 카펫을 뜯으며 짐승처럼 울부짖어라. 파트너를 붙잡고 불공평하다고 소리쳐라. 아이가 엄마에게 하듯이 친한 친구의 품에 안겨 울어라. 친구의 티셔츠를 눈물 콧물 범벅으로 만들어라. 그래도 괜찮다. 감자칩, 아이스크림, 와인을 마구 먹고 마셔라. 그리고 이 모든 것에서 다시 벗어나서, 아무것도 먹지 말고 아무 말도 하지 않은 채 무심하게 앉아 있어라. 수저 정리를 시작하고, 매일 커튼을 빨아라. 무엇이든 괜찮다. 이 감정과 순간을 이야기할 수 있고, 옆에 있으면 안정감을 주는 믿을만한 사람을 찾아라. 당신의 생각과 행동을 부끄러워하지 않아도 되는 그런 사람을 찾아라. 이런 행동과 생각을 아무리 반복해도 받아 줄 사람, 당신이 이런 행동을 얼마나 부끄럽고 암울하게 생각하는지 상관하지 않을 사람을 찾아라.

필요하다면 의료적 도움을 받아라. 이는 전혀 부끄러운 일이 아니며, 혼자 헤쳐 나가지 못하는 무능력이나 '질병'이 있는 것과도 아무 관계가 없다. 국가에서 지정하는 신체적 건강검진과 예방 조치는 정기적으로, 심지어 거의 반강제적으로 시행되는 반면(검사를 받고 측정하고 무게를 잰다), 우리는 정신 건강에 무심하다. 정신을 위해서는 어떤 검진도, 예방 조치도 취해지지 않는다. 하지만 이것만은 알아 두자. 정신적 치료라고 해서 2년 동안 폐쇄 병동에 갇혀 있어야 하는 건 아니다. 그저 애도 상황을 더 원활히 극복하기 위해 상담을 다섯 번 정도 예약하는 데 그칠 수도 있다.

슬픔에 빠진 친구를 돕기

상실의 슬픔에 빠진 파트너나 친구를 대면할 때, 우리는 종종 거대한 무력감을 느끼고 할 말을 잃어버린다. 사회가 세속화될수록 의례화된 애도 과정은 점점 줄어든다. 과거에 교회가 처리하던 일들은 책임자를 잃고 덩그러니 버려졌고, 우리는 그 자리에 맞는 새로운 내용을 빠르고 적절하게 채우지 못했다. 애도 의식은 우리에게 안정감을 주고 우리를 응원해 주며 고통을 덜어 준다. 그러나 지금껏 이 의식들은 주로 종교의 영역에 놓여 있었다. 애도 의식이 종교의 손을 떠나면, 사회는 다시 새로운 의식을 위한 합의를 거쳐야 한다. 유감스럽게도 우리는 죽음과 애도에 대한 이야기를 좋아하지 않기 때문에, 새로운 합의에 이르는 과정은 쉽지 않을 것이다.

추측건대, 당신은 뭔가를 잘못 말하거나 잘못된 행동을 할까 봐 두려울 것이다. 아마 당신은 친구를 위로하고자 이렇게 말할지도 모르겠다. "도움이 필요하면 언제든지 연락해!" 그러나 이런 말은 도움이 필요한 사람에게 공을 넘기는 행위다. 이미 서술했듯이, 애도는 심리적 극한 상황이다. 애도자는 지금 자신에게 필요한 것과 도움이 되는 일을 전혀 알지 못하거나 이해하지 못하는 경우가 많다. 심지어 애도자는 죄의식을 느끼고 타인에게 짐이 되고 싶어 하지 않으며 스스로를 부끄러워하는데, '지금 자기처럼 행동해서는' 안 된다고 생각하기 때문이다. 이런 처지의 사람이 연락하여 도움을 청할 확률은 거의 0퍼센트다.

이럴 때는 아주 구체적인 도움을 제안하는 게 좋다. "내가 아이들 데리고 동물원에 몇 시간 다녀올까? 일요일이 좋겠지? 그럼 너만의 시간을 조금 가질 수 있잖아!" 또는 이렇게 할 수도 있다. "퇴근할 때 잠시 들를게. 같이 장 보러 가자. 나도 어쨌든 마트에서 뭘 사야 하거든." "오늘 8시쯤 들를까? 요리도 같이하고 이야기도 좀 하게." 이런 구체적인 제안이 애도자에게는 큰 도움이 된다. 애도자가 계획을 세우느라 힘을 낭비하지 않고, 그냥 '예' 또는 '아니오'로 답할 수 있기 때문이다. 또 제안이 이렇게 구체적이면 애도자는 자신이 짐이 된다는 생각을 할 위험성도 줄어든다.

또한 많은 사람들은 작별을 어떤 의례로 기념하는 것이 많은 도움을 준다고 느낀다. 하지만 장례식은 작별을 의례화하는 자리가 아니다. 장례식은 보통 고인이 세상을 떠난 직후에 진행되므로, 대부분의 애도자는 장례식을 작별 인사의 기회로 이용할 심리적 준비가 전혀 안 되어 있다. 그들은 장례식에서 마치 과잉보호 받는 아이 같은 느낌을 경험했다고 말한다. 심지어 어떤 사람들은 제대로 필름이 끊겨서 장례식에 있었던 일을 며칠 후에 거의 기억하지 못한다.

의지가 있고 여력이 된다면 장례식 이후 개인적인 애도 의식을 따로 갖는 게 도움이 될 수 있다. 온전히 자신만의 방식으로 깨어 있는 상태에서 다시 한번 떠난 사람과 작별할 수 있기 때문이다. 이 의식을 혼자 할 수도 있고 작은 모임으로 할 수도 있는데, 누군가 세상을 떠나면 여러 사람이 애도하기 때문이다. 애도를 함께 하는 일은 아름답다. 내가 발표한 소설 《마리아나 해구MARIANENGRABEN》에서 애도하는 주인공은 또 다른 애도자를 만났을 때 이렇게 말한다.

애도가 만약 언어라면, 나는 나처럼 이 언어를 유창하게 구사
하는 누군가를 처음 만났다. 그는 단지 조금 다른 사투리로 말
할 뿐이었다.[59]

여럿과 함께하는 의식은 애도 단계에서 뼛속 깊이 느낄 수
있는 고립감에서 벗어날 수 있게 해준다. 아름다운 일이다. 이
런 의식이 거창할 필요는 없으며, 고인과 관련 있는 장소에서
함께 만나 각자 고인과의 특별히 아름다운 기억을 나누는 것으
로 충분하다. 작은 종이배를 만들 수도 있다(제발 염소표백을 하
지 않은 친환경 재료로 만든 종이를 사용해 주었으면 좋겠다!). 종이배
에 사랑하는 사람에게 보내는 마지막 인사를 쓰고 강에 띄우는
것이다. 또는 돌에 그림을 그려 무덤 옆에 놓을 수도 있다.

당연히 큰 규모의 의식을 진행할 수도 있다. 고인을 기념
하여 축제를 열고 다시 한번 모든 감정을 자유롭게 배출하고,
울고, 웃으며 기억을 나눈다. 핵심은 사람들이 행복감을 느끼고
그들에게 도움을 주는 무언가를 하는 것이다.

만약 당신이 모든 노력에도 지금 어떤 단계에서 벗어나지
못하고 있어서 주변 사람이 아닌 다른 누군가와 이야기를 나누
고 싶다면 혹은 당신이 정말 외롭다면, 애도자들이 모여 있는

인터넷 커뮤니티나 페이스북 그룹이 좋은 기회를 제공할 수 있다. 이곳에서는 선택에 따라 익명으로 머물 수 있고, 다른 애도자들과 의견을 나눌 수도 있다. 심지어 당신이 사는 집 근처에서 열리는 애도 모임을 찾을 수 있을 것이다. 이런 모임은 주로 종교 공동체가 제공하지만, 봉사 단체와 비종교 모임에서 만들기도 한다. 그곳에서 주변의 애도 모임과 모임 장소를 찾을 수 있을 것이다.

만약 당신이 인터넷을 이용할 수 없거나 굳이 이런 일에 인터넷을 쓰고 싶지 않다면, 병원이나 종교기관에 문의할 수도 있다. 두 기관은 이런 방면에서 대단히 유용한 정보와 서비스를 제공하기 때문이다. 무슨 종교를 믿는지는 크게 상관이 없는데, 종교기관은 유사한 서비스를 제공하는 비종교 단체들의 정보도 자주 제공하기 때문이다.

슬픔을 직면하기

몇 주가 지난 후에야 나는 스스로에게 헤르미네를 향한 '진짜' 애도를 마침내 허락했다. 앞에서 언급했듯이, 나는 그동안 계속해서 애도의 감정을 거부했는데, 이 작은 동물 때문에 그렇게 행동해서는 안 된다고 생각했기 때문이다. 나는 자신에게 능동적이고 의식적 애도를 금지했는데, 아이를 잃은 사람은 애도할 권리가 충분하지만, 햄스터 때문에 슬퍼할 권리는 없다고 생각했기 때문이다.

그러나 애도는 동등했다. 헤르미네를 향한 애도의 감정은 오랫동안 나에게 고통을 주었고 나를 괴롭혔다. 마침내 내가 상실의 슬픔을 피하지 않고, 그 감정을 응시하고 관찰하면서, 이 불편하고 내가 생각하기에 부끄러운 감정을 완전히 느낀 뒤에야 그 고통은 끝이 났다. 나는 울면서 헤르미네의 사진을 보았다. 나는 헤르미네에 대한 나의 기억을 친구와 가족들 그리고 인터넷에 공유했고, 헤르미네를 묻었다. 그리고 모든 것이 좋아졌다.

마치는 말: 그리고 지금은?

헤르미네가 세상을 떠나고 몇 달 후 나는 이사를 결정했다. 그사이에 새로운 햄스터 한 마리가 집에 왔다. 이름은 루모로, 지금 내 오른쪽에 있는 케이지에서 쳇바퀴를 몇 바퀴째 돌고 있다. 처음에는 죄책감이 들었다. 헤르미네가 아플 때 새로운 햄스터를 들이면서 헤르미네 눈앞에서 헤르미네를 대체한다는 기분이 들었기 때문이다. 내가 나서서 새로운 햄스터를 찾은 건 아니었지만, 어쨌든 그런 기분은 들었다. 루모는 동물보호소에 있던 구조된 햄스터였고 내가 데려올 수밖에 없었다.

루모는 모든 일은 어떻게든 계속된다는 사실을 인식하는데 도움을 주었다. 이 사실은 믿을 수 없을 만큼 진부하지만, 심리적 부하 상태에 있는 인간은 이런 확실한 사실을 잊어버리곤 한다. 겉으로 보기에 이런 상황은 아주 이상할 수 있고 심지어 딱해 보이기도 하지만, 내게는 그렇게 보이지 않는다.

그사이에 나는 대단히 많은 동물과 함께 산다. 달팽이, 지

헤르미네
2016-2018

루모

네, 거미, 개구리, 사마귀, 등각류, 대벌레, 물고기, 딱정벌레, 그리고 나의 반려견 클로에까지. 실제 목록은 이보다 훨씬 길다. 작은 동물들 가운데 하나가 죽으면, 나는 그 사체를 등각류가 사는 테라리움에 넣는다. 이렇게 등각류가 '장례'를 담당한다. 생명의 순환 과정을 눈앞에서 직접 보면서 나는 '대단히' 큰 도움을 얻는다. 죽음이 다른 유기체들의 삶을 가능하게 해 준다는 생각이 나에게 큰 안도감을 주기 때문이다.

지금 내게 죽음은 어떤 의미일까? 솔직히 말하건대, 나는 죽음의 추종자가 아니다. 그러나 삶과 죽음의 상관관계를 이해하면서 나는 죽음에 대한 두려움을 줄일 수 있었고, 삶과 죽음을 관리하면서 잘 대처할 수 있다는 용기를 얻었다. 동시에 죽음에서 느끼는 섬뜩한 미지의 공포를 제거했다. 물론 죽음에는 여전히 미지의 영역이 남아 있다. 죽음 이후에는 무슨 일이 일어날까? 나는 사라질까? 하지만 누가 그 답을 알겠는가. 그러나 나는 죽음 없이 삶은 존재하지 않는다는 것을 안다. 이전에 생명체들이 죽지 않았다면, 나는 여기 앉아 클로에를 쓰다듬지 못했을 것이다. 이 시대에 나란 존재는 눈곱만큼 하찮다는 걸 나는 확실히 안다. 대부분의 사람은 나의 존재를 모르며, 중요하지도 않다.

그러나 나는 나를 위해 산다. 다른 모든 존재가 계속 살아 있는 동안 내 생명이 그저 뜯겨져 나가지는 않는다는 사실을 알게 되면서 나는 위안을 얻는다. 다른 모든 존재가 영원히 계속 달리는 동안에는 나 역시 이 놀이에서 제외되지 않을 것이다. 모두가 언젠가는 죽을 운명이라는 사실이 내 마음을 가볍게 해준다. 내가 죽음을 피하려고 무언가를 해야겠다는 결심을 하지 않는 한은 그렇다. 그리고 죽음을 피하려 해서는 안 된다.

우리가 해야 하는 일은 주어진 삶에서 최고를 만드는 것이다. 비록 그 삶을 내가 요구하지는 않았지만 말이다.

아마 이런 생각을 할지도 모르겠다. '오 제발, 그런 진부한 말은 그만!' 그러나 삶과 죽음은 이 세상에 존재하는 일 가운데 가장 진부한 일이다. 죽을 운명보다 진부한 것은 없다. 죽음은 약속의 일부이자, 모든 이들에게 일어날 일이기 때문이다. 모든 개미는 죽어야 한다. 그들은 특별하지 않기 때문이다. 하지만 살아가는 동안 사람들이 하는 일은 진부하지 않다. 우리는 모두

단 한 번 살기 때문에, 우리 삶을 어떻게 꾸릴지 관심을 쏟고 잘 돌봐야 한다. 우리는 이기적으로 자신만을 챙기며 타인의 삶을 지옥으로 만드는 삶을 지향할 수도 있다. '그건 그들의 삶이지, 내 삶이 아니야. 무슨 상관이겠어?' 우리는 소위 제3세계 국가를 착취하고 그들을 방치할 수도 있다. 난민들을 수용소에 몰아넣을 수도 있다. 그 안에서 되돌릴 수 없는 그들의 인생은 그렇게 지나갈 것이다. 단지 우리의 평온함을 위해서.

하지만 우리는 다르게 살 수도 있다. 다른 사람들과 생명체들도 오직 한 번의 기회만 가진다는 걸 인정하고, 지상에서 보내는 시간을 최대한 밀도 있게 활용하기 위해 최선을 다할 수 있다. 다른 생명체를 억압하거나 없애지 않으면서도 최선을 다해 살아갈 수 있다. 우리는 이 생애에서 가능한 한 오랫동안, 가능한 한 많은 것을 얻기 위해 우리의 신체와 영혼의 건강을 돌봐야 한다. 우리는 실수를 할 수밖에 없고, 실수를 통해 배워야 한다. 이는 대단히 정상적인 과정이다. 우리 모두에게 삶은 처음이고, 따라서 그 누구도 숙련된 프로가 아니기 때문이다. 자신만 생각할 게 아니라 자연에서 배워야 한다. 자연은 우리에게, 기쁨과 장수를 가져오는 최고의 성공 전략은 적대가 아니라 협력임을 보여 준다. 우리의 몸을 구성하는 세포도 이 성공 전략에 따라 생명의 순환을 유지하기 위해 함께 협력하여 일한다. 이제 우리가 이런 협력을 해나가야 할 것이다.

우리는 시간을 원하는 대로 사용할 수 있다. 비행기를 타고 마다가스카르로 날아가 미친 듯이 이산화탄소를 내뿜을 수 있다. 그렇게 해서 마다가스카르가 가라앉기 전에 그 아름다운 광경을 다시 한번 볼 수도 있을 것이다. 아이들의 삶, 손주들의 삶, 타인의 삶 혹은 동물과 식물의 삶이 아무 상관없는 문제라면 원하는 만큼 SUV를 몰고 돌아다닐 수도 있다. 그렇게 하고 싶은 사람의 권리다. 그렇게 생각하면 안 된다고 누구도 강요하지 못한다. 솔직히 말해서 나 역시 다르게 행동하라고 설득할 마음은 없다. 마음대로 살아라. 그건 당신의 삶이다.

다만 이 이야기는 할 수 있다. 봉사 활동에서나 개인적 경험에서나 임종을 앞두고 이렇게 말하는 사람은 본 적이 없다. "이런, 고기를 더 많이 먹을걸." "SUV를 더 많이 몰아 볼걸." "더 많이 일할걸." "아이들과 시간을 많이 보내지 말걸." "아내 몰래 바람을 피울걸." 명백한 잘못임을 알아도 우리는 이를 보이지 않는 곳으로 슬쩍 밀어놓고 싶어 한다. 어리석은 일이다. 잘못은 대부분 그 자리에 그대로 머물러 있으며, 삶의 마지막에서야 우리를 찾아온다. 임종의 자리에서는 온갖 두려움이 엄습한다. 놓쳐 버린 일들, 다른 사람을 더 많이 돌보지 못했다는 후회, 분별없는 행동으로 망가뜨린 세상에 자식을 남겨 둔다는 걱정, 더는 그들을 도울 수 없다는 두려움 등등. 이전에는 자식들이 자기 없이 살아간다는 일을 생각도 할 수 없었을 것이다. 그러나 때가 되면 그 사실을 분명히 깨닫게 된다. 세상을 떠나게 될 때, 또는 누군가가 떠나가는 것을 보게 될 때가 그렇다.

생물학 공부와 자원봉사 활동 그리고 개인적 경험을 통해 죽음을 다양한 관점에서 보게 된 이후로 나는 삶이 무엇인지를 처음으로 이해하게 되었다. 그리고 여기 다시 진부한 사실을 되풀이해야겠다. 내가 이 책에서 설명했던 모든 세포와 동물들과 함께, 우리는 우리가 만든 세상에 후손을 남겨 둔다. 부디 우리가 세계를 아직 완전히 망치지 않았기를 단지 희망할 뿐이다. 그랬다면 모든 후손에게 진정한 재앙이 될 것이기 때문이다(유감스럽게도 지금은 우리가 세계를 '완전히' 망친 것처럼 보인다).

그렇다. 우리는 모두 반드시 죽는다. 환생은 증명되지 않았으므로, 나는 우리가 지금 단 한 번만 산다고 확신한다(이는 신앙에 따라 다를 수도 있다). 우리에게서 모든 것을 뺏어간다면, 모든 세속적 재화를, 모든 해바라기씨와 햄스터 간식을 제거한다면, 만약 우리를 위해 우리만이 존재한다면, 우리에게는 단 하나만 남는다. 바로 우리의 생명이다. 이 생명은 분열하는 세포, 먹고 번식하는 것 이상이라는 사실만이 우리 손에 남는다.

그 생명으로 무언가를 하자.

감사의 말

먼저 헤르미네에게 가장 큰 감사를 전한다. 헤르미네는 믿을 수 없을 만큼 독특하고, 대단했던 6센티미터 크기의 열정적인 햄스터였다. 나는 지금도 매일 헤르미네를 그리워한다. 마찬가지로 나는 나의 모든 반려 동물(그중에서 특히 반려견 클로에의 이름을 여기서 언급하고 싶다)에게 감사한다. 그들은 삶과 죽음이 서로 뗄 수 없는 관계이며 이 모든 일들이 언젠가 내게도 일어날 수 있음을 매일 나에게 보여 준다.

조금 뜬금없긴 하지만 테크노 밴드 스쿠터Scooter에게도 고마움을 전한다. 이유는 모르지만, 이상하게 나는 스쿠터의 노래 '더 높은 곳으로We Take You Higher'를 계속 들으면 정신적으로 엄청난 부담을 느껴 평소에는 잘 듣지 않는다. 하지만 글을 쓸 때는 이 노래를 틀어 놓고 있는 게 어떤 식으로든 도움이 되었다. 이 긴 글이 끝나고 이제 다시 내가 사랑하는 노래를 마음껏 들을 수 있게 되어 기쁘다.

미주

1 Lahav, E. P. of O. of L., Noam, S. S. & Lahav, N. Biogenesis – Theories of Life's Origin (1999).

2 Kongregation für die Glaubenslehre, Erklärung zur vorsätzlichen Abtreibung. https://www.vatican.va/roman_curia/congregations/cfaith/documents/rc_con_cfaith_doc_19741118_declaration-abortion_ge.html (1974).

3 Catteau, J. Dostoyevsky and the Process of Literary Creation – (Cambridge University Press, 1989).

4 Bowen, R. L. & Atwood, C. S. Living and Dying for Sex. Gerontology 50, 265 – 290 (2004).

5 White, Y. A. R. et al. Oocyte formation by mitotically active germ cells purified from ovaries of reproductive-age women. Nat. Med. 18, 413 – 421 (2012).

6 Darwin, C. On the Origin of Species by Means of Natural Selection, Or, The Preservation of Favoured Races in the Struggle for Life (J. Murray, 1859).

7 Diogenes, L. Diogenes Laertius von den Leben und den Meinungen berühmter Philosophen (Franz Haas).

8 Platon. Der Staat (Reclam, Philipp, jun. GmbH, Verlag, 2017)., Platon. Kratylos: Griechisch/Deutsch (Reclam, Philipp, jun. GmbH, Verlag, 2014).

9 Farin, M. Heroine des Grauens – Wirken und Leben der Elisabeth Báthory in Briefen, Zeugenaussagen und Phantasiespielen (Kirchheim, 1989).

10 Thorne, T. Countess Dracula – The Life and Times of Elisabeth Bathory, the Blood Countess (Bloomsbury Publishing, 2012).

11 Pearl, R. The Rate of Living, Being an Account of Some Experimental Studies on the Biology of Life Duration (A. A. Knopf, 1928).

12 Rubner, M. Das Problem der Lebensdauer und seine Beziehungen zu Wachstum und Ernährung (R. Oldenbourg, 1908).

13 Klatz, R. & Goldmann, R. Stopping the clock oder Wie man die Zeit anhält

(Vier Flamingos, 1999).

14 Lee, M., Hsieh, C. C. & Paffenbarger, R. S. Exercise Intensity and Longevity in Men: The Harvard Alumni Health Study. JAMA J. Am. Med. Assoc. 273, 1179 – 1184 (1995).

15 O'Donovan, G., Lee, I. M., Hamer, M. & Stamatakis, E. Association of ›weekend warrior‹ and other leisure time physical activity patterns with risks for all-cause, cardiovascular disease, and cancer mortality. JAMA Internal Medicine vol. 177 335 – 342 (2017).

16 Stark, G., Pincheira-Donoso, D. & Meiri, S. No evidence for the ›rate-of-living‹ theory across the tetrapod tree of life. Glob. Ecol. Biogeogr. 29, 857 – 884 (2020).

17 Harman, D. Aging: a theory based on free radical and radiation chemistry. J. Gerontol. 11, 298 – 300 (1956).

18 Orgel, L. E. The maintenance of the accuracy of protein synthesis and its relevance to ageing: a correction. Proc. Natl. Acad. Sci. U. S. A. 67, 1476 (1970)., Orgel, L. E. The maintenance of the accuracy of protein synthesis and its relevance to ageing. Proc. Natl. Acad. Sci. U. S. A. 49, 517 – 521 (1963).

19 Harley, C. B., Vaziri, H., Counter, C. M. & Allsopp, R. C. The telomere hypothesis of cellular aging. Exp. Gerontol. 27, 375 – 382 (1992).

20 Greider, C. W. & Blackburn, E. H. Identification of a specific telomere terminal transferase activity in tetrahymena extracts. Cell 43, 405 – 413 (1985)., Greider, C. W. & Blackburn, E. H. A telomeric sequence in the RNA of Tetrahymena telomerase required for telomere repeat synthesis. Nature 337, 331 – 337 (1989).

21 Wilmut, I., Schnieke, A. E., McWhir, J., Kind, A. J. & Campbell, K. H. S. Viable offspring derived from fetal and adult mammalian cells. Nature 385, 810 – 813 (1997).

22 Shiels, P. G. et al. Analysis of Telomere Length in Dolly, a Sheep Derived by Nuclear Transfer. Cloning 1, 119 – 125 (1999).

23 Weismann, A. Ueber die Dauer des Lebens – ein Vortrag (G. Fischer, 1882).

24 Fabrizio, P. et al. Superoxide is a mediator of an altruistic aging program in Saccharomyces cerevisiae. J. Cell Biol. 166, 1055 – 1067 (2004).

25 Statistisches Bundesamt Deutschland – GENESIS-Online. https://www-genesis.destatis.de/genesis/online?operation=abruftabelleBearbeiten&lev elindex=0&levelid=1603554000370&auswahloperation=abruftabelleAus praegungAuswaehlen&auswahlverzeichnis=ordnungsstruktur&auswahlziel =werteabruf&code=12621-0002&auswahltext=&werteabruf=Werteabruf# abreadcrumb (2020).

26 Tschad – Lebenserwartung nach Geschlecht bis 2018 | Statista. https://de.statista.com/statistik/daten/studie/751202/umfrage/ lebenserwartung-im-tschad/.

27 Peters, W. L. & Peters, J. G. Adult life and emergence of Dolania americana in Northwestern Florida (Ephemeroptera: Behningiidae). Int. Rev. der gesamten Hydrobiol. und Hydrogr. 62, 409 – 438 (1977).

28 Jochum, K. P., Wang, X., Vennemann, T. W., Sinha, B. & Müller, W. E. G. Siliceous deep-sea sponge Monorhaphis chuni: A potential paleoclimate archive in ancient animals. Chem. Geol. 300– 301, 143 – 151 (2012).

29 Wanamaker, A. D. et al. Very long-lived mollusks confirm 17th century ad Tephera-based radiocarbin reservoir ages for North Icelandic shelf waters. RADIOCARBON vol. 50 https://journals.uair.arizona.edu/index.php/ radiocarbon/article/view/3222 (2008).

30 Loron, C. C. et al. Early fungi from the Proterozoic era in Arctic Canada. Nature 570, 232 – 235 (2019).

31 Schmitt, C. L. & Tatum, M. L. The Malheur National Forest, Location of the World's Largest Living Organism [The Humongous Fungus]. https://web. archive.org/web/20190803005438/https://www.fs.usda.gov/Internet/ FSE_DOCUMENTS/fsbdev3_033146.pdf (2008).

32 Kottke, I. & Nebel, M. The evolution of mycorrhiza-like associations in liverworts: An update. New Phytologist vol. 167 330 – 334 (2005).

33 Suma, H. R., Prakash, S. & Eswarappa, S. M. Naturally occurring fluorescence protects the eutardigrade Paramacrobiotus sp. from ultraviolet radiation. Biol. Lett. 16, 20200391 (2020).

34 Chavez, C., Cruz-Becerra, G., Fei, J., Kassavetis, G. A. & Kadonaga, J. T. The tardigrade damage suppressor protein binds to nucleosomes and protects dna from hydroxyl radicals. Elife 8, (2019).

35 Edrey, Y. H., Park, T. J., Kang, H., Biney, A. & Buffenstein, R. Endocrine function and neurobiology of the longest-living rodent, the naked mole-rat. Exp. Gerontol. 46, 116 – 123 (2011).

36 Bavestrello, G., Sommer, C. & Sarà, M. Bi-directional conversion in Turritopsis nutricula (Hydrozoa). Sci. Mar. 56, 137 – 140 (1992).

37 Clynes, M. E. & Kline, N. S. Cyborgs and space. Astronautics 26 – 76 (1960).

38 Hayles, N. K. The Life Cycle of Cyborgs: Writing the Posthuman. in The Cyborg Handbook (Chris Hables Gray (Hrsg.)) (Routledge, 1995).

39 Müller-Busch, H.-C. Abschied braucht Zeit – Palliativmedizin und Ethik des Sterbens (Suhrkamp, 2012).

40 위의 책.

41 Holtmeier, H. J. Ernährung des alternden Menschen: Alterskrankheiten und Ernährungsempfehlungen: Amazon.de: Holtmeier, Hans J: Bücher (Wissenschaftliche Verlagsgesellschaft, 1999).

42 Grundsätze der Bundesärztekammer zur ärztlichen Sterbebegleitung. Dtsch. Ärztebl. Int. 95, A-2366- (1998).

43 Busch, D. W., von Gräfe, C. F., von Hufeland, C. W. ., Link, H. F. & Müller, J. Encyclopädisches Wörterbuch der medicinischen Wissenschaften (Verlag von Veit et Comp, 1834).

44 Schulz, R. So sterben wir unser Ende und was wir darüber wissen sollten (Piper, 2018).

45 Gräbner, F. Beiträge zur Kenntniss der Ptomaïne in gerichtlich- chemischer Beziehung: Inaugural-Dissertation zur Erlangung des Grades eines Doctors der Medicin (1882).

46 Whale explodes in Taiwanese city. BBC News (2004).

47 ›It was like a blubber snowstorm‹: Why Oregon blew up a whale in 1970 – OPB. https://www.opb.org/artsandlife/series/history/florence-oregon-

whale-explosion-history/.

48 Daum, H., Larena, A., Riepe, G., Seemann, D. & Imig, H. Madentherapie bei gefäßchirurgischen Problemwunden / Maggot Therapy on Problematic Wounds in Vascular Surgery. in Panta Rhei – Umdenken (ed. Hartel, W.) 641 (Springer, Berlin Heidelberg, 2001).

49 Menzel, K. Habitat Selection in Nicrophorus investigator and Nicrophorus defodiens (2015)., ŠÍPKOVÁ, H. & RÙŽIÈKA, J. A. N. Larval morphology of Nicrophorus (Nicrophorus) nepalensis Hope (Coleoptera: Silphidae: Nicrophorinae). Zootaxa 4743, 167 – 180 (2020)., Benowitz, K. M., McKinney, E. C. & Moore, A. J. Difference in parenting in two species of burying beetle, Nicrophorus orbicollis and Nicrophorus vespilloides. J. Ethol. 34, 315 – 319 (2016).

50 Suzuki, S. Biparental negotiation or larval begging? Determinant of male provisioning in a burying beetle (Nicrophorus quadripunctatus). Behaviour 1, 1 – 11 (2020).

51 Bodenkundliche Anforderungen an das Anlegen und Erweitern von Friedhöfen. http://www.hlug.de/medien/boden/index.html (2007).

52 Heller, B. Wie Religionen mit dem Tod umgehen Grundlagen für die interkulturelle Sterbebegleitung (Lambertus, 2012).

53 Pemba, D. & Others. Rinchen, the Sky-Burial Master. Manoa 24, 92 – 104 (2012).

54 McGeorge, S. Imerina Famadihana as a secondary burial. Archipel 7, 21 – 39 (1974).

55 Indonesian tribes: Inside the Dani tribe finger amputation rituals. The Sun https://www.news.com.au/travel/destinations/asia/inside-the-secretive-tribe-where-women-have-their-fingers-amputated-when-their-loved-ones-die/news-story/a25dc2605de1a87d28d8e4533d74247e (2019).

56 Orca: Trauernde Schwertwal-Mutter hat ihr totes Baby gehen lassen – WELT. https://www.welt.de/kmpkt/article181039070/Orca- Trauernde-Schwertwal-Mutter-hat-ihr-totes-Baby-gehen-lassen.html.

57 Schnelzer, T. Trauerpsychologie – Lehrbuch (Fachverlag des deutschen

Bestattungsgewerbes, 2019).

58 Kast, V. Sich einlassen und loslassen: Neue Lebensmöglichkeiten bei Trauer und Trennung (Herder Verlag, 2000).

59 Schreiber, J. Marianengraben (Eichborn Verlag, 2020).

더 읽어 보면 좋은 책

ACIKGOZ, H., DIVRAK, D. & TALEB, M. Identification of a Forensically and Medically Important Blowfly: A Case Study of Adult Calliphora vicina (Rob-Desvoidy) in TurkeyIdentification of Adult Calliphora vicina. Eur. J. Forensic Sci. 3, 1 (2016).

Adinkrah, M. »If you die a bad death, we give you a bad burial:« Mortuary practices and »bad death« among the Akan in Ghana. Death Stud. 1 – 13 (2020) doi:10.1080 / 07481187.2020.1762264.

ANDRADE-HERRERA, K., NÚÑEZ-VÁZQUEZ, C., ESTRELLA, E. & HÁVA, J. A contribution to knowledge of Dermestidae (Coleoptera) from Yucatan Peninsula, Mexico. Stud. Reports Taxon. Ser. 16, 1 – 5 (2020).

Atwood, C. S. & Bowen, R. L. The reproductive-cell cycle theory of aging: An update. Exp. Gerontol. 46, 100 – 107 (2011).

Benowitz, K. M., McKinney, E. C. & Moore, A. J. Difference in parenting in two species of burying beetle, Nicrophorus orbicollis and Nicrophorus vespilloides. J. Ethol. 34, 315 – 319 (2016).

Collis, S. & Johnson, C. P. The decomposed cadaver. Diagnostic Histopathol. 25, 431 – 435 (2019).

Cooper, J. E. Taschenführer zur ICD-10-Klassifikation psychischer Störungen – Mit Glossar und Diagnostischen Kriterien sowie Referenztabellen ICD-10 vs. ICD-9 und ICD-10 vs. DSM-IV-TR (Hogrefe AG, 2019).

de Magalhães, J. P., Costa, J. & Church, G. M. An Analysis of the Relationship Between Metabolism, Developmental Schedules, and Longevity Using Phylogenetic Independent Contrasts. Journals Gerontol. Ser. A 62, 149 – 160 (2007).

Eta, K. & Hausdorf, B. Limacus maculatus (KALENICZENKO 1851) in Hamburg (Gastropoda: Limacidae). Mitt. dtsch. malakozool. Ges. 102, 49 – 51 (2020).

Franz, M. Tabuthema Trauerarbeit – Erzieherinnen begleiten Kinder bei Abschied, Verlust und Tod (Don Bosco Medien GmbH, 2008).

Gerrig, R. Psychologie (Pearson, 2018).

Gu, X. Animal biodiversity and food web restoration based on large vertebrate carcasses (2014).

Herbig, C. Der biochemische Abbau des menschlichen Leichnams unter den Aspekten der Verwesung, der Autolyse und der Fäulnis sowie unter Berücksichtigung natürlicher Störungen der Leichenzersetzung und deren Einschränkung. http://benecke.com/pdf/Celina_Herbig_Facharbeit_Forensische_Entomologie_Benecke_Com.pdf (2010).

Jakubec, P., Novák, M., Qubaiová, J., Šuláková, H. & Rùžièka, J. Description of immature stages of Thanatophilus sinuatus (Coleoptera: Silphidae). Int. J. Legal Med. 133, 1549 – 1565 (2019).

Kadej, M., Szleszkowski, Ł., Thannhäuser, A. & Jurek, T. A mummified human corpse and associated insects of forensic importance in indoor conditions. Int. J. Legal Med. 134, 1963 – 1971 (2020).

Kircher, T. Kompendium der Psychotherapie für Ärzte und Psychologen (Springer, 2019).

Kiš, A. D. An Analysis of the Impact of Aids on Funeral Culture in Malawi. NAPA Bull. 27, 129 – 140 (2007).

Krüger, O. The suspension of death. The cryonic utopia in the context of the US funeral culture. Marbg. J. Relig. 15, 1 – 19 (2010).

Küpper-Popp, K. & Lamp, I. Rituale und Symbole in der Hospizarbeit – ein Praxisbuch (Gütersloher Verlagshaus, 2010).

Ladwig, P. & Williams, P. Introduction. Buddh. Funer. Cult. Southeast Asia China 1 – 20 (2012) doi:10.1017/CBO9780511782251.002.

LUTSYK, I. ANCIENT STONE CROSSES IN VOLYN' IN THE LIGHT OF FUNERAL CULTURE OF MIDDLE AGES. Mater. Stud. Archaeol. Sub-Carpathian Volhynian area 402 – 415 (2018) doi:10.33402/mdapv.2018-22-402-415.

Lytle, C. Praktikum Allgemeine Zoologie (Pearson Studium, 2010).

Mainda, T. Wiederfund von Stenus sylvester Erichson, 1839 in Deutschland

(Coleoptera, Staphylinidae). Entomol. Nachr. Ber. 64, 135 – 139 (2020).

MaMing, R., Lee, L., Yang, X. & Buzzard, P. Vultures and sky burials on the Qinghai-Tibet Plateau. Vulture News 71, 22 (2018).

Martell, L., Piraino, S., Gravili, C. & Boero, F. Life cycle, morphology and medusa ontogenesis of Turritopsis dohrnii (Cnidaria: Hydrozoa). Ital. J. Zool. 83, 390 – 399 (2016).

Matuszewski, S. et al. Pigs vs people: the use of pigs as analogues for humans in forensic entomology and taphonomy research. Int. J. Legal Med. 134, 793 – 810 (2020).

Neuser, S. Bestattung in Deutschland Lehrbuch (Fachverlag des deutschen Bestattungsgewerbes, 2020).

Ormsby, A. Cultural and conservation values of sacred forests in Ghana. in Sacred Species and Sites (eds. Pungetti, G., Oviedo, G. & Hooke, D.) 335 – 350 (Cambridge University Press). doi:10.1017/CBO9781139030717.032.

Pianezzola, E., Roth, S. & Hatteland, B. A. Predation by carabid beetles on the invasive slug Arion vulgaris in an agricultural semi-field experiment. Bull. Entomol. Res. 103, 225 – 232 (2013).

Pierce, S. K. et al. Transcriptomic Evidence for the Expression of Horizontally Transferred Algal Nuclear Genes in the Photosynthetic Sea Slug, Elysia chlorotica. Mol. Biol. Evol. 29, 1545 – 1556 (2012).

Piraino, S., Boero, F., Aeschbach, B. & Schmid, V. Reversing the Life Cycle: Medusae Transforming into Polyps and Cell Transdifferentiation in Turritopsis nutricula (Cnidaria, Hydrozoa). Biol. Bull. 190, 302 – 312 (1996).

Reisdorf, A. G. et al. Float, explode or sink: postmortem fate of lung-breathing marine vertebrates. Palaeobiodiversity and Palaeoenvironments 92, 67 – 81 (2012).

Richter, S. Die chemische Zersetzung menschlicher Leichen (2018).

Rumpho, M. E. et al. Horizontal gene transfer of the algal nuclear gene psbO to the photosynthetic sea slug Elysia chlorotica. Proc. Natl. Acad. Sci. 105, 17867 – 17871 (2008).

Salameh, F.-T., O'Reilly, B. A. & Balta, J. Y. The cadaver is not dead. Anat. Sci. Int.

95, 571 – 572 (2020).

Schrader, M., Keller, M. K. & Lucey, G. F. Adaptation to monogamy influences parental care but not mating behavior in the burying beetle, Nicrophorus vespilloides. Ecol. Evol. 10, 6525 – 6535 (2020).

Schwartz, J. A., Curtis, N. E. & Pierce, S. K. Using Algal Transcriptome Sequences to Identify Transferred Genes in the Sea Slug, Elysia chlorotica. Evol. Biol. 37, 29 – 37 (2010).

Schwarz, M. Wenn Insekten über Leichen gehen. Als Entomologe auf der Spur des Verbrechens (Droemer, 2020).

Shampay, J., Szostak, J. W. & Blackburn, E. H. DNA sequences of telomeres maintained in yeast. Nature 310, 154 – 157 (1984).

Sharma, D. Fostering social innovation for active ageing: tackling later life loneliness. 422 (2018) doi:10.17635/lancaster/thesis/276.

Sihlé, N. Buddhist Funeral Cultures of Southeast Asia and China. J. Buddh. Ethics 21, 191 – 201 (2014).

Stewart, E. J., Madden, R., Paul, G. & Taddei, F. Aging and Death in an Organism That Reproduces by Morphologically Symmetric Division. PLoS Biol. 3, e45 (2005).

Stoll, E. A. et al. Naked mole-rats maintain healthy skeletal muscle and Complex IV mitochondrial enzyme function into old age. Aging (Albany. NY). (2016) doi:10.18632/aging.101140.

Stoll, E. A. et al. Naked mole-rats maintain healthy skeletal muscle and Complex IV mitochondrial enzyme function into old age. Aging (Albany. NY). 8, 3468 – 3485 (2016).

Turzañska, K. & Chachulska, J. Arion slugs as nest predators of small passerine species – a review. J. Avian Biol. 48, 455 – 458 (2017).

van den Berg, N., Beekman, M., Smith, K. R., Janssens, A. & Slagboom, P. E. Historical demography and longevity genetics: Back to the future. Ageing Res. Rev. 38, 28 – 39 (2017).

Weddeling, K. Von Fliegen und Erdkröten: Myiasis bei Anuren im Drachenfelser Ländchen bei Bonn – Fliegenarten, Phänologie, Schlupferfolg und

Dichteeffekte im Amphibienkadaver. Zeitschrift für Feldherpetologie 21, 165 – 182 (2014).

Weithmann, S., von Hoermann, C., Schmitt, T., Steiger, S. & Ayasse, M. The Attraction of the Dung Beetle Anoplotrupes stercorosus (Coleoptera: Geotrupidae) to Volatiles from Vertebrate Cadavers. Insects 11, 476 (2020).

Worden, J. W. Beratung und Therapie in Trauerfällen – ein Handbuch (Huber, 2011).

옮긴이 이승희

서강대학교에서 수학과 종교학을 공부했고, 대학원에서 신학을 공부했다. 독일 밤베르크대학과 뮌스터 대학 박사과정에서 종교사회학, 사회윤리, 정치윤리를 공부했다. 현재 바른번역 소속 번역가로 활동하고 있으며, 역서로는 《혐오 없는 삶》, 《금지된 지식》, 《그리스도인의 신앙》, 《성서, 인류의 영원한 고전》, 《나와 타자들》, 《버려진 노동》 등이 있다.

헤르미네와의 이별

초판 1쇄 인쇄 2021년 11월 5일
초판 1쇄 발행 2021년 11월 15일

지은이 야스민 슈라이버 **옮긴이** 이승희
펴낸이 김종길 **펴낸 곳** 글담출판사 **브랜드** 아날로그

기획편집 이은지·이경숙·김보라·김윤아·안수영 **영업** 김상윤·최상현
디자인 엄재선·박윤희 **마케팅** 정미진·김민지 **관리** 박지웅

출판등록 1998년 12월 30일 제2013-000314호
주소 (04029) 서울시 마포구 월드컵로 8길 41 (서교동 483-9)
전화 (02) 998-7030 **팩스** (02) 998-7924
페이스북 www.facebook.com/geuldam4u **인스타그램** geuldam
블로그 blog.naver.com/geuldam4u

ISBN 979-11-87147-84-8 (03470)

만든 사람들
책임편집 김윤아 **표지디자인** 형태와내용사이 **본문디자인** 박윤희

글담출판에서는 참신한 발상, 따뜻한 시선을 가진 원고를 기다리고 있습니다.
원고는 글담출판 블로그와 이메일을 이용해 보내주세요. 여러분의 소중한 경험과 지식을 나누세요.
블로그 http://blog.naver.com/geuldam4u 이메일 geuldam4u@naver.com